写给孩子的

趣味逻辑学

王鑫城　编著

中国民族文化出版社

北　京

图书在版编目 (CIP) 数据

写给孩子的趣味逻辑学 / 王鑫城编著 . -- 北京：
中国民族文化出版社有限公司 , 2022.8
　ISBN 978-7-5122-1603-7

　Ⅰ . ①写… Ⅱ . ①王… Ⅲ . ①逻辑学－少儿读物
Ⅳ . ① B81-49

中国版本图书馆 CIP 数据核字（2022）第 124123 号

写给孩子的趣味逻辑学
Xiegei Haizi de Quwei Luojixue

编　　著：	王鑫城	
责任编辑：	张　宇	
封面设计：	冬　凡	
责任校对：	李文学	
出 版 者：	中国民族文化出版社　地址：北京市东城区和平里北街 14 号	
	邮编：100013　联系电话：010-84250639 64211754（传真）	
印　　刷：	三河市兴博印务有限公司	
开　　本：	880mm×1230mm　1/32	
印　　张：	7	
字　　数：	151 千	
版　　次：	2022 年 8 月第 1 版第 1 次印刷	
书　　号：	ISBN 978-7-5122-1603-7	
定　　价：	38.00 元	

前　言

在我们的生活中，随处可见逻辑的身影，我们也经常会以"符合逻辑"或"不合逻辑"来作为判断事物合理性的标准。那么什么是逻辑？

狭义上，"逻辑"一词指的是思维的形式和规则，而广义上，它代表的是：①客观事物的规律性；②某种理论、观点、行为方式；③思维的规律；④一门学科，即逻辑学。

逻辑是所有学科的基础，无论你想学习什么，都需要逻辑思维能力的帮助。逻辑思维能力强的人，拥有着常人所不能及的智慧，在生活、学习、工作等各个方面都游刃有余。每个人的逻辑思维能力都不是一成不变的，只要懂得基本的规则与技巧，再加上适当的科学训练，逻辑思维能力都能获得极大的提升。

很多人会觉得学习逻辑、锻炼逻辑思维能力这些事情枯燥无味，那么，请翻开这本书吧！

本书以故事为引子，用一个又一个生动有趣的故事，配以生动的漫画插图，引领读者在故事中探索逻辑的奥秘，呈现何为逻辑。比如"丑小鸭为什么丑?""从三打白骨精说'判断'与'命题'"等,是不是看到这些标题,就有想继续看下去的兴趣呢?将深奥复杂的概念和理论置于大家都耳熟能详、生动有趣的故事之中,这样更易理解、记忆。

不同年龄、身份的人,都可以从这本书中获得深刻的启示。阅读本书,能让你的思维更缜密,做事更理性,观察更敏锐,想象更丰富。

伟大的科学家爱因斯坦曾提出要把逻辑训练作为学校完成的任务之一,并且高度肯定了逻辑学对于开发青少年智力的作用。由此可见,逻辑学是一门重要的学科,如果你也想从中有所收获,不如现在就翻开书,与我们在逻辑的大海中结伴同游吧。

目 录

第 1 章

令人捧腹大笑的
逻辑故事

一、张老汉卖驴记

一天，张老汉带着年轻的儿子到集市上卖驴。

父子俩为了不让驴累着以便卖上一个好价钱，便把驴的腿绑起来，身子朝下抗在肩膀上前进。

哈哈！真是太好笑了，简直比驴还要愚钝。

张老汉听到路人的嘲笑后，也感觉这样做不太合适。于是他就把驴松绑放了下来，自己在前面牵着驴，让儿子骑着驴走。可是那驴已经习惯了被人抬着走，现在让它自己走路，还让它驮人，一时间心里很不是滋味，所以一边走一边打着响鼻抱怨。

还没走几步，父子俩就遇到了三个过路的商人。

> 喂！小伙子，你年纪轻轻的，怎么忍心让你的父亲在路上走，自己却舒舒服服地坐在驴背上呢？快点儿下来吧，让你的父亲坐上去。

年轻人听到过路人的话后，赶紧跳了下来，恭恭敬敬地把他的老父亲给扶了上去。

这样又走了一段路后，他们遇到了一个年轻姑娘。

快看啊，真是个心比石头还硬的父亲，竟然自己骑着驴，让身体瘦弱的儿子辛苦赶路！

张老汉琢磨着他和儿子不管谁坐，都免不了被人说三道四，干脆父子俩全都坐上去吧，这样总不会招来非议了吧。

可他们万万没想到，还没走几步路……

张老汉听了这话以后烦恼极了，他叫苦不迭道："天啊！到底让我怎样做才能避免众人的指责啊！那我就只好这样了。"

接着，他和儿子都从驴背上跳了下来，两人开始牵着驴走。

这父子俩真奇怪，养了驴还不舍得骑，自己却在前面走，我看你们还不如把驴供在家里头得了！

张老汉这一次并没有与人争辩，而是对儿子说："无论别人说什么都不要过分在意，因为自己的事情得自己来做主，不要让别人指手画脚。所以不管别人说什么，不管是责备或是赞赏，都不要放在心上。"

二、张老汉、儿子和驴到底有几种走法？

看完《张老汉卖驴记》这个寓言故事后，我们知道，张老汉父子卖驴路上路人一次又一次的诘难，让张老汉父子十分难堪。故事的结尾，张老汉终于不再纠结于爷俩以及驴如何走路的问题，也明白了自己的事情必须自己做主的道理。想必接下来他一定会顺顺当当地到达集市。

然而，当我们静下心来仔细琢磨时，会发现这个问题隐藏着一个有趣的学问——"张老汉、儿子和驴到底有几种走法？"

我们来分析一下可能出现的走法：

1. 张老汉和儿子抬着驴走。

2. 儿子骑驴，张老汉走路。

3. 张老汉骑驴，儿子走路。

4. 张老汉和儿子都骑着驴走。

5. 张老汉父子与驴各走各的。

通过分析，我们得出张老汉、儿子和驴一共有 5 种走法，而且他们也不得不采用其中的一种走法，因为除此之外别无选择。

张老汉、儿子和驴存在着几种可能的走法，并且他们必须采取其中至少一种走法，这一种现实情况，在逻辑学上其实构成了一个**选言命题**。
▲　▲　▲　▲

选言命题——反映事物可能存在的若干种情况或性质至少有一种是成立的命题。

第 2 章

逻辑思维

一、从"逻辑"一词讲起

"**逻辑**"一词是英文"logic"的音译,意为思维的规律。所以逻辑学便是一门研究思维的形式和规律的科学。

思维是人类进行分析、综合、判断、推理等认识活动的过程,而这个过程又包含内容和形式两个方面。逻辑学不研究思维的内容,而仅仅研究思维的形式,什么是思维的形式?现举例说明如下。

例一:农夫只有在春季辛勤地耕耘,才能在秋季有一个好的收成。

例二：天空中只有布上乌云，才能哗啦啦地下上一阵雨。

例三：纵观历史，只有社会稳定，百姓才能安居乐业。

这三个例子表达了不同的内容，例一属于农业的范畴，例二属于气象学的范畴，例三属于社会学范畴；与内容从属于三个迥异的范畴不同，这三个例子的表达形式相同，也就是思维形式相同，均为"只有……，才……"

"只有……，才……"就是逻辑学要研究的思维的形式。

相对于思维的内容来说，思维的形式具有相对的独立性，因而逻辑学才能抛开思维的内容，对其形式加以研究。

虽然如此，但还是需要注意，思维的形式与思维的内容是一种辩证的统一，是互相依存的、不可分割的，既不存在没有思维内容的思维形式，也不存在没有思维形式的思维内容。

狡兔死，走狗烹

《史记·越王勾践世家》中记载了越国名臣范蠡急流勇退的故事。

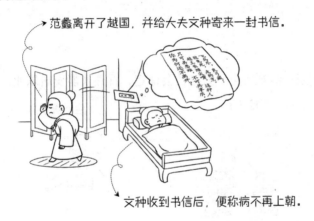

范蠡离开了越国，并给大夫文种寄来一封书信。

文种收到书信后，便称病不再上朝。

飞鸟尽，良弓藏；狡兔死，走狗烹。越王长颈尖嘴，这种人只可共患难，不可共享乐，你为何还不离开？

后来，有人在越王面前进谗言，污蔑文种将要作乱。越王于是赐了文种一把宝剑，说："你教给了寡人九条伐吴的计策，寡人用了三条就打败了吴国，剩下的六条还在你那儿，你就先去地下和先王试上一下吧。"文种于是自杀。

杯酒释兵权

《智囊·宋太祖》等书中记载了赵匡胤杯酒释兵权的故事。

后周恭帝显德七年（960 年），后周大将赵匡胤策划了陈桥兵变，自此黄袍加身建立起了宋朝。从此次政变看来，赵匡胤能够得天下，最关键的是他掌握了后周大部分兵权。鉴于此，在当上皇帝后，他便与宰相赵普积极谋划着解除兵变中那些拥立将领的兵权。

北宋建隆二年（961 年）七月初九，早朝结束后，石守信、王审琦等高级将领被留下来参加酒宴。正当众人酒酣耳热的时候，宋太祖赵匡胤感叹道："我要是没有诸位

鼎力相助，也坐不到这个位子上，我始终没有忘记过你们的恩德。可是做天子难，我现在整夜都不能安枕而睡，还不如当节度使的时候自在快乐。"石守信等人连忙问道："这是为什么呢？"赵匡胤回道："这个不难知道，我这个位子，谁不想坐呢？"众将领听后都吓得跪倒在地，连忙叩头道："陛下为何说这样的话呢？天命已定，谁还敢有异心呢？"赵匡胤说道："你们虽然没有异心，可要是麾下之人贪图富贵怎么办呢？哪日把黄袍披到你们身上，虽不想坐这位子，也身不由己了。"石守信等人哭泣道："臣等愚笨，没想到这些，只希望陛下哀怜，指一条生路。"赵匡胤说："人生如白驹过隙，追求富贵不过就是多得些金钱，自己好生享乐，也使子孙不会贫困罢了。你们为何不放下兵权，买些良田美宅，为子孙置下永久的产业……君臣之间，互相没有猜忌，不是很好吗？"将领们立刻拜谢："陛下如此顾念臣等，实在是再生父母啊！"次日将领们都声称身有疾病，请求解除兵权。

在这两个相隔千余年的故事中，同为一国之君的勾践与赵匡胤二人，在观念里都有着同一个内在的思维形式，即只有消除有功之臣的权力与影响力，国家政权才能稳定下来。

二、思维的形式

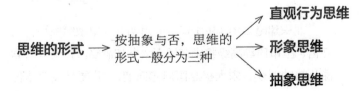

思维的形式 → 按抽象与否，思维的形式一般分为三种 → 直观行为思维 / 形象思维 / 抽象思维

1. 直观行为思维

直观行为思维

也被称为感知运动思维，是一种与生俱来的基础性思维，主要作用是协调人类的感知与运动。新生儿在最初接触外界事物时，最主要的思维便是感知运动思维；当感知与运动停止的时候，这种思维也就随之停止了。

2. 形象思维

形象思维

也被称为直感思维，也是一种与生俱来的基础性思维，主要作用是通过特殊的、个体化的直观形象来认识以及表现客观事物。

形象思维具有以下几个特点：

形象性

人类利用形象思维认识客观世界时，主要通过事物的形态、大小等外在的形象性表现形式；并在头脑中生成感觉、意象等形象性观念；在表达事物时，借助于图像、图形、语言等形象性符号。正因为形象性的特点，形象思维具有了抽象思维所不具有的直观、生动等优点，广告活动大行其道离不开人类的形象思维。

想象性

艺术源于生活又高于生活，人类利用形象思维在表达事物的形象时，不仅仅能够表达出其所认识到的，往往也会通过想象对事物的形象进行再加工，进而产生更加优美的、别致的新形象。正因为想象性的特点，形象思维具有了抽象思维所不具有的创造性等优点，文学艺术的创作离不开人类的形象思维。

非准确性 > 在认识客观世界时，形象思维往往不够准确，往往只能把握事物的大概。例如桌子上有一个苹果，小朋友们用形象思维来描述时，可能表述为"一个大的红苹果"，小朋友所说的"大""红"都是不够确切的一种描述。相对于抽象思维所具有的准确性的优点，非准确性是形象思维的一个缺点。

非逻辑性 > 在认识客观世界时，形象思维往往较为随意，较为跳跃，不像抽象思维那样条理、有序、严密。相对于抽象思维所具有的逻辑性的优点，非逻辑性是形象思维的一个缺点。

诗仙李白

文学艺术的创作离不开形象思维，诗歌的创作更是依赖于形象思维。

诗仙李白的诗歌能够如此清新、飘逸、奔放、瑰丽，正是由于其远超常人的形象思维。

如《游洞庭湖五首·其二》一诗：

南湖秋水夜无烟，耐可乘流直上天。
且就洞庭赊月色，将船买酒白云边。

又如《清平乐·画堂晨起》一曲：

画堂晨起，来报雪花坠。
高卷帘栊看佳瑞，皓色远迷庭砌。
盛气光引炉烟，素草寒生玉佩。
应是天仙狂醉，乱把白云揉碎。

　　李白的诗宛若天成，这得益于其瑰丽的想象，得益于其卓越的形象思维；而李白的形象思维又与其自 15 岁起信仰道教，成年之后好任侠、喜剑术、遍游天下有着密切的关系，所以后世学诗之人感叹李白的诗学不来。

3. 抽象思维

　　一般来说，形象思维属于感性认识阶段，而对事物以及客观世界的反映较为深刻、较为深远的抽象思维属于理性认识阶段。

抽象思维

也被称为逻辑思维，是人脑特有的理性活动。在感性认识阶段，事物以及客观世界的信息被大量收集；在理性认识阶段，大量的信息被大脑抽象为各式各样的概念，概念构成命题并产生判断，命题依照一定的逻辑关系进行推理，从而产生理性的认识。逻辑思维即是人类利用科学的抽象的概念、命题、推理揭示事物的本质乃至客观世界的本质的过程。

（1）逻辑思维的特点

抽象性 ＞ 在认识事物以及客观世界的活动中，逻辑思维主要通过与事物相关的抽象的概念、命题、推理，而不是具体的、直观的、亲眼所见的事物表象，抽象性是逻辑思维最基本的特点。

逻辑性 ＞ 在认识事物以及客观世界的活动中，逻辑思维是单向的，按部就班的，由概念而命题，由命题而推理，每一步都条理、有序、严密。

准确性 ＞ 在认识事物以及客观世界的活动中，逻辑思维会严格、准确地反映事物，以定量分析的方法研究分析，并给出精确的数量关系。

| 客观性 | 在认识事物以及客观世界的活动中，逻辑思维会以逻辑语言真实、客观地反映事物，而不会如形象思维般天马行空。 |

（2）逻辑思维的方法

01 抽象与概括。抽象即抛开某一事物的表象，抽出其本质的属性；概括即将许许多多抽象的单一事物的本质属性加以概括，得出有着共同特征的某类事物的属性。

02 分析与综合。分析即将某一事物按一定标准分解成若干部分，逐次研究；综合即将某一事物的各个部分综合起来，以一个整体来进行研究。

03 分类与比较。分类即按一定标准将某些事物进行分类；比较几个或几类事物之间的相同点与不同点。

04 归纳与演绎。归纳即从特殊（个别）性的前提推出一般（普遍）性的结论；演绎即从普遍性的前提推出特殊性的结论。

（3）逻辑思维的作用

| 作用一 | 逻辑思维是理性的思维活动，有利于人们正确地思考，正确地、深入地认识事物以及客观世界。 |

| 作用二 | 逻辑思维是严密的思维活动，有利于各类研究活动的科学性与严谨性；有利于人们准确地、清晰地表达观点、思想；有利于人们发现生活中的逻辑错误。 |

4. 彩虹的趣历史

在古老的甲骨文中，"虹"字的形状
可描述为：中间拱形，两侧状如嘴向下
张开的龙头。这一颇为形象（拱形）而
又令人不解（嘴向下张开的龙头）的甲
骨文"虹"，正合于中国古代长期对彩虹这一光学现象的误解。

大抵在宋以前，人们认为彩虹会吸水。

如班固《汉书·武五子传》中所载：

是时天雨，虹下属宫中，饮井水，井水竭。

——班固《汉书·武五子传》

如沈括《梦溪笔谈》中所载：

世传虹能入溪涧饮水，信然。

——沈括《梦溪笔谈》

除此之外，人们还认为这会吸水的虹是双头龙，在《山海
经》《后汉书》《天文气象杂占》等古籍中皆记载有相近的观点。

　　将看似拱形的彩虹想象为龙，将看起来没入水中的两端想象为龙头，很显然这是一种基于形象思维的感性认识。长久以来，中国先民对彩虹的认识就处于这样一种浅显、不准确、不科学、非逻辑的感性认识阶段。

　　同样在《梦溪笔谈》一书中，沈括以自己的亲身经历揭示了虹是一种光学现象，而不是所谓双龙吸水的咄咄怪事。

　　熙宁年间，我出使契丹，在契丹最北部黑水境内的永安山山脚扎下了帐篷。此时雨后初晴，帐篷前的溪涧中出现了彩虹。我与同行之人前去观察，彩虹的两端都没入了溪涧中。让同行之人穿过溪涧，彼此隔着彩虹相对而站，相距数丈远，中间如同隔着白练。从西向东看去，能看见彩虹，这大约是傍晚时分的彩虹。站在溪涧之东看去，（彩虹）则被太阳消损，什么都看不见……

宋朝人孙彦先也曾经说过：

虹，乃雨中日影也，
日照雨中则有之。

——孙彦先

　　傍晚时分，太阳光线自西向东照射，西侧的观察者同样自西向东看去，便能够看见彩虹；东侧的观察者自东向西看去，则看不见彩虹。沈括的观察实验揭示了彩虹与太阳光线照射方向之间的某种关系，揭示了彩虹是一种光学现象。

　　经过经济、文化高度繁荣的宋代之后，人们对彩虹的认识进入了基于逻辑思维的理性认识阶段，人们不再认为彩虹会吸水，也明白出现在雨后、瀑布、溪涧等特殊环境中的彩虹是由于太阳照射的缘故。

　　17 世纪 70 年代，英国科学家艾萨克·牛顿在研究光的折射现象时发现，三棱镜能够将白光（太阳光）分散成彩色光，即红、橙、黄、绿、蓝、靛、紫七色光。

自此之后，人们进一步研究发现，在雨后或溪涧、瀑布等环境中，空气中会有数量众多的形状为球形的小水珠，这样小水珠就起到了三棱镜的作用，太阳光在这些小水珠的折射与反射作用下，形成了彩色的圆弧，即彩虹，至此，彩虹的成因才有了科学的、符合逻辑的解释。

··

将彩虹现象解释为"双龙吸水"是形象思维的产物，以逻辑思维来看，这样的解释有着诸多的逻辑漏洞。

（1）

为何彩虹会出现在溪涧、瀑布等湿地环境以外的雨后环境中？某些雨后环境中的地面并没有什么水，"双龙吸水"在此是解释不通的。

以逻辑思维来看，溪涧、瀑布、雨后环境既然都会出现彩虹，那么必然也存在着共同点，共同点不是地表的"水"，而是空气中的"小水珠"。即只有空气中存在着一定数量的小水珠，彩虹才会出现。

（2）

> 为何彩虹只能在部分视角看见，而不是所有视角；倘若是"双龙吸水"，那么所有的视角都应当能看见。

> 以逻辑思维来看，只有与太阳光线照射方向相同的一侧，才能看见彩虹，与太阳光线照射方向相反的一侧则看不见彩虹。

（3）

> 为何彩虹出现的环境中总有日照？非日照的环境中为何没有彩虹？日照起着一个什么作用？这些都是"双龙吸水"解释不了的。

> 以逻辑思维来看，日照是彩虹出现的必要条件，只有在日照环境中，彩虹才有可能出现。

三、逻辑思维的基本形式

逻辑思维的基本形式有概念、命题、推理三种。

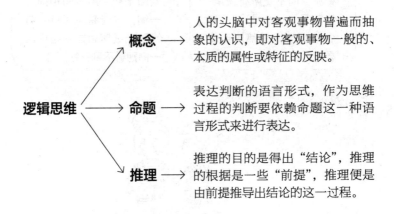

概念 ⟶ 人的头脑中对客观事物普遍而抽象的认识，即对客观事物一般的、本质的属性或特征的反映。

逻辑思维 ⟶ 命题 ⟶ 表达判断的语言形式，作为思维过程的判断要依赖命题这一种语言形式来进行表达。

推理 ⟶ 推理的目的是得出"结论"，推理的根据是一些"前提"，推理便是由前提推导出结论的这一过程。

例如：只要参加过考试，就有成绩；小明参加过考试，所以小明有成绩。

在此例句中，词语"参加过""考试""有""成绩""小明"是**概念**；由这些概念组合而成的语句如"只要参加过考试，就有成绩"是**命题**，命题表达的内容就是判断；由判断组成并进一步得到的论断如"只要参加过考试，就有成绩；小明参加过考试，所以小明有成绩"是**推理**。

由上可知，概念构成判断，判断组成推理。假使将思维比作成一个自然界中的有机体，那么概念就是组成这个有机体的细胞，由此可知，假使不存在概念，那么判断、推理乃至思维也就不存在了。

画蛇添足

《战国策》中记载了"画蛇添足"的故事。

楚国有位官员给府上门客们准备了一大杯酒。门客们认为几个人一块喝，这杯酒便不够；一个人独自喝，这杯酒就足够了。所以大家建议在地上比赛画蛇，先完成的人便能喝这杯酒。

门客甲率先画好了蛇，他见其他人还没有完成，口中不无得意地说道："我还能给蛇画上足。"

可他还没把蛇足画好，另一位门客——乙就将蛇画好了，门客乙拿起酒杯，说道："蛇原本就没有足，你岂能给它添上足？"说完便喝掉了杯中的酒。

这个故事中最重要的概念是"蛇"。

"蛇"是一个抽象的概念，具体可以解释为：身体滚圆而细长，体表有鳞，没有四肢的爬行动物。

"蛇"这一最重要的概念与其他次要概念组成了一个命题（判断），即"只有率先画完蛇的人，才能喝这杯酒"。

判断组成并进一步得到的论断是"只有率先画完蛇的人，才能喝这杯酒；门客乙率先画完了蛇，所以他喝掉了这杯酒"。

画蛇添足的门客甲为什么没有喝到酒呢？

他犯的错误是没有准确把握"蛇"的概念，给蛇画了足。有了足的蛇便不再是蛇，因此门客甲就不是第一个画完蛇的人了，那杯酒也就不该他喝了。

从这个故事里，我们就可以意识到**概念**的重要性。

概念是思维活动的基础，严谨、准确地认识概念是人们进行思维活动的起点。如果不能严谨、准确地把握概念，那么对于判断、推理的认识以及研究也就无从谈起了，下面开始学习概念。

第 **3** 章

概念是什么呢？

概念是什么呢?

概念是人的头脑中对客观事物普遍而抽象的认识,即对客观事物一般的、本质的属性或特征的反映。

如果借用具体的、形象的例子来说明便会容易理解一些,例如"国家"一词的概念,首先列出几个国家,如加拿大、中华人民共和国、摩纳哥公国 3 个国家。

> 加拿大是现今世界上发达的资本主义国家;
>
> 中华人民共和国是位于亚州东部的社会主义国家;
>
> 摩纳哥公国是世界上著名的微型国家之一。

这 3 个国家在地域、政体、面积、民族、语言等诸多方面存在着巨大的差异,那么它们的共同点是什么? 它们都是一个国家! 所以将这 3 个国家的共同点抽出,再加以概括就能够形成国家的概念———一定数量的人民长期占有某一特定的领土,并在政治上组成或形成一个拥有主权的政府。

要掌握概念,必须理解概念的**内涵**和**外延**:

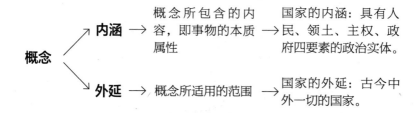

一般来说一个内涵的范围越大，它外延的范围就越小；内涵的范围越小，它外延的范围就越大。

在现实生活中，诸如科学、民主、自由等词语都是一些抽象的概念。

一、丑小鸭为什么丑？——内涵

1. 丑小鸭的故事

一天，鸭妈妈正小心地孵着她就要出世的孩子们。

　　一只，又一只……终于，最后一只小鸭子也破壳而出了，只是它的样子让鸭妈妈感到吃惊——大大的个头、灰灰的绒毛、长长的脖子，真是比其他小鸭子都要丑啊。

　　因为它奇怪的样子，院子里的小鸡和小鸭都不喜欢它，没有一只小鸭子和它玩耍，更令它伤心的是，它们都叫它丑小鸭。

　　伤心难过的它孤零零地走到了湖泊边缘，看见一群洁白的大鸟在天空中飞翔而过，它简直看呆了，因为它从未见过这么美丽的鸟儿！

　　春暖花开，已经长大了一些的它再次走到了那个湖泊，那些洁白的大鸟正在湖泊中游泳，它们是天鹅，它听到人们那样称呼。可它们的样子比去年在天空中看到的那几只还要漂亮，它鼓起勇气向它们游了过去，天鹅竟高兴地接纳了它。

　　从此之后，它每天跟着天鹅学漂亮的泳姿、学优雅地觅食，直到有一天它忽然发现自己竟也成了一只优雅高贵的白天鹅，它抑制不住自己内心的激动，自言自语道："当我是一只可怜的丑小鸭时，从没想过自己会成为高贵的白天鹅!"

2. 从丑小鸭的丑说概念的内涵

丑小鸭丑吗？鸭妈妈和其他小鸭都觉得它丑。

这是为什么？因为它们觉得丑小鸭的样子长得跟它们不一样，丑小鸭大大的个头、灰灰的绒毛、长长的脖子与其他小鸭们小小的个头、黄黄的绒毛、短短的脖子有着显著的差异，因此在它们看来，丑小鸭是很丑的。

很明显，故事中的鸭子们不知道天鹅是什么样子，也不知道那个古古怪怪的丑小鸭正是天鹅的幼鸟，其实是它们并不了解"天鹅幼鸟"这个概念的**内涵**。

由此我们能意识到，认识某一事物时，一定要了解这一事物的内涵，即事物的本质属性或特有属性，这样才能对事物有一个准确的认识。

但是仅仅了解内涵还不足以完全认识该类事物，例如天鹅属鸟类有 6 个种，6 种天鹅的幼鸟在外形上也不尽相同。在掌握了"天鹅幼鸟"这一概念的内涵后，我们能够知道什么样的幼鸟就是天鹅幼鸟，但天鹅的幼鸟有哪几种？我们就不得而知了，所以我们要学习概念的**外延**。

二、形形色色的商品——外延

1. 计划经济时代的粮票

1956 年中国完成了对农业、手工业以及资本主义工商业的社会主义改造,社会主义计划经济在中国基本确立。

在计划经济时代以及新中国成立初期,由于生产力的落后以及国民经济的弱小,我国工农业产品整体长期匮乏,因此在全国范围内许多商品不仅仅需要用钱来购买,还得凭票才予以供应。在日常生活中,人们购买粮食、食油、肉、糖、酒、煤、布等社会供应紧张的商品时大多需要提供相应的票证。

1955 年,中华人民共和国粮食部发行了新中国历史上第一版全国通用粮票即 1955 版粮票。自此开始,不同级别、各种面值的粮票进入到了人们的生活中。

除了全国通用粮票之外,各级人民政府也在各自行政区内发行粮票来分配粮食,这种粮票被统称为地方通用粮票,如省级的粮票有广东省粮票、上海市粮票等;地市级的粮票有武汉市地方粮票、淮南市流通粮票等;县级的粮票有高邮县粮食局粮票、昌黎县粮食局粮票等。全国通用粮票和地方通用粮票被称为通用粮票,此外许多较大的企事业单位也印发有内部使用的粮票。

在粮票的流通上，全国通用粮票在全国范围内通用，各省市县地方通用粮票则在各自行政区域内通用，在当时如果某人因为某些事务要离开本省去外省，他便不得不携带一定数量的全国通用粮票或本省省级粮票，否则便没有饭吃，全国通用粮票自然在哪儿都可以用，本省省级粮票在外省可以兑换成一定数量的当地粮票。

在粮票的具体使用上，不同版本、不同地区的粮票，面额也不尽相同，既有大至1000斤的粮票，也有小至半两的粮票。以1955版全国通用粮票为例，该版粮票划分4两、半斤、1斤、3斤、5斤5种。此外依据凭购粮食的不同，粮票又分为细粮粮票、粗粮粮票、大米票、面粉票、玉米面粮票、小米粮票等。

20世纪80年代初期，伴随着改革开放带来的经济大发展，全国粮食供应充足，粮票也逐渐开始从流通领域退出，1993年粮票正式在全国范围内退出流通领域。自1955年第一版粮票发行，粮票在国内的使用历史前后长达39年。

2.　以粮票说概念的外延

一般来说，概念的外延之间有 5 种关系，即全同关系、全异关系、交叉关系、属种关系、种属关系。

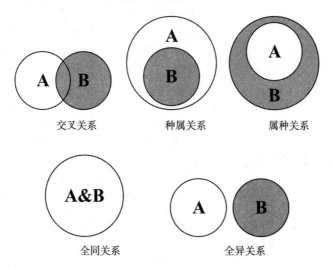

粮票这一概念的外延即各式各样的粮票，这些粮票包括但不限于中国计划经济时代的粮票（外国也曾有粮票），粮票外延间的各种关系也符合上述的 5 种关系。下面即用中国计划经济时代的粮票来解释概念外延间的 5 种关系。

全同关系	若两个概念所适用的范围完全相同，那么这两个概念的外延就具有全同关系。	如 "1955 版粮票" 与 "新中国第一版全国通用粮票"。因为 1955 版粮票就是新中国第一版全国通用粮票，它们两个概念的确指对象和适用范围完全相同。

全异关系

├ 一般全异关系 → 两个概念的外延不仅完全不同，而且也不会共同从属于某一概念。 → 如"粮票"与"时代"。"粮票"的外延是任何粮票，"时代"的外延是任何时代，这两个概念的外延就属于一般全异关系。

├ 矛盾关系 → 两个外延完全不同的概念从属于某一更大的概念，且这两个概念的外延之和等于这个更大的概念的外延。 → 如"全国通用粮票"与"地方通用粮票"。这个两个概念的外延不仅完全不同，而且它们的外延之和等于"通用粮票"这一概念的外延。

└ 对立关系 → 两个外延完全不同的概念从属于某一更大的概念，但这两个概念的外延之和小于这个更大的概念的外延。 → 如"大米票"和"面粉票"。这两个概念的外延完全不同，但这两个概念的外延之和小于"粮票"的外延。

交叉关系 → 即两个概念的外延互相交叉，你中有我，我中有你。 → 如"通用粮票"与"地方粮票"。通用粮票中包含地方通用粮票，同时还包含全国通用粮票；地方粮票包含地方通用粮票，同时也包含有地方非通用粮票。所以说，"通用粮票"与"地方粮票"这两个概念你中有我，我中有你，彼此构成交叉关系。

种属关系	即一个概念的外延完全从属于另一个概念的外延。	如"大米票"与"粮票"。大米票的外延就完全从属于粮票的外延。
属种关系	与种属关系相反,即一个概念的外延完全包含了另一个概念的外延。	如"粮票"与"大米票"。粮票的外延就完全包含了大米票的外延。

在种属关系以及属种关系中,外延较小的概念如"大米票"被称为种概念,外延较大的概念如"粮票"被称为属概念。

三、为什么是加州理工学院?——单独概念

1. 钱学森之问与美国加州理工学院

钱学森,中国著名科学家、载人航天工程奠基人

现在中国没有完全发展起来,一个重要原因是没有一所大学能够按照培养科学技术发明创造人才的模式去办学,没有自己独特的创新的东西,老是冒不出杰出人才。这是很大的问题。

——钱学森之问

钱学森之问中的这种能够培养杰出科学技术人才的大学在当时的中国还没有,但大洋彼岸的美国有,它正是钱学森的母校——美国加州理工学院。

California Institute of Technology

　　加州理工学院位于美国西部加利福尼亚州帕萨迪纳市，是美国也是世界上知名的私立科学研究型大学之一，这所大学最为人称道的不是所授各学科在世界上有多么领先，也不是毕业生有多么优秀，毕业生获得了多少诺贝尔奖，而是其旷世无匹的科研氛围与科研精神。

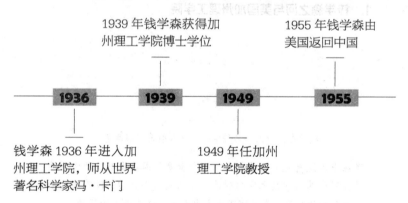

1939 年钱学森获得加州理工学院博士学位

1955 年钱学森由美国返回中国

1936　　**1939**　　**1949**　　**1955**

钱学森 1936 年进入加州理工学院，师从世界著名科学家冯·卡门

1949 年任加州理工学院教授

　　从 1936 年到 1955 年的近 20 年间，在加州理工学院进行学习和科研的钱学森从一个普普通通的中国留学生成长为了世界知名的科学家。钱学森的这一成长，除了他的勤奋努力与聪明才智，也不应忽略加州理工学院所起的巨大作用。

2. 单独概念与普遍概念

在概念的外延这一知识中

外延反映的是独一无二的事物的概念

外延反映的是一类事物的概念

单独概念

普遍概念

例："加州理工学院"的外延就是那个独一无二的加州理工学院，它就可以被称为单独概念。

例："学院"的外延就是古今中外所有的学院，是一类普遍的事物，它就被称为普遍概念。

单独概念还有地球、南极洲、珠穆朗玛峰、孔子等外延独一无二的专有名词。

普遍概念还有河流、银行、便利店、体育场等外延反映某一类事物的名词。

四、秦始皇与皇帝——具体概念

1. 千古一帝秦始皇

即便秦朝历二世而亡，只存在了短短的 14 年，但历史上能称千古一帝而又名副其实的封建帝王恐怕只有秦始皇了。

秦始皇是中国历史上首位完成中国大一统的政治人物，因此他自称"始皇帝"是应该的，明代思想家李贽尊称其为"千古一帝"也是名副其实的。

秦王嬴政 13 岁即秦国王位，22 岁开始掌握国家实权，此后雄心勃勃的嬴政便踏上"秦王扫六合，虎视何雄哉"的统一大业。

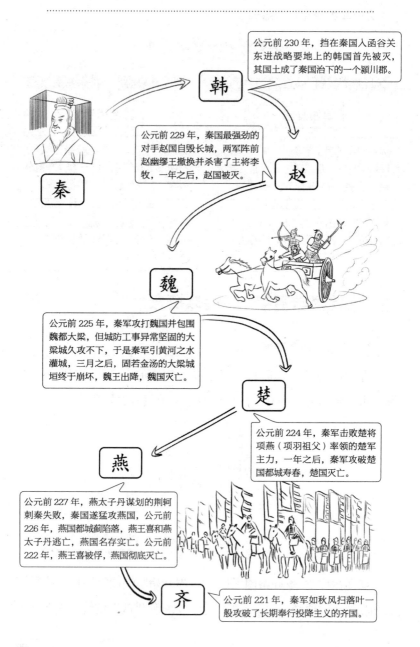

公元前 230 年，挡在秦国入函谷关东进战略要地上的韩国首先被灭，其国土成了秦国治下的一个颍川郡。

韩

公元前 229 年，秦国最强劲的对手赵国自毁长城，两军阵前赵幽缪王撤换并杀害了主将李牧，一年之后，赵国被灭。

秦

赵

魏

公元前 225 年，秦军攻打魏国并包围魏都大梁，但城防工事异常坚固的大梁城久攻不下，于是秦军引黄河之水灌城，三月之后，固若金汤的大梁城垣终于崩坏，魏王出降，魏国灭亡。

楚

公元前 224 年，秦军击败楚将项燕（项羽祖父）率领的楚军主力，一年之后，秦军攻破楚国都城寿春，楚国灭亡。

燕

公元前 227 年，燕太子丹谋划的荆轲刺秦失败，秦国遂猛攻燕国，公元前 226 年，燕国都城蓟陷落，燕王喜和燕太子丹逃亡，燕国名存实亡。公元前 222 年，燕王喜被俘，燕国彻底灭亡。

齐

公元前 221 年，秦军如秋风扫落叶一般攻破了长期奉行投降主义的齐国。

　　至此战国六雄全部灭亡,秦王嬴政完成了统一中国的大业。而后,他认为自己的功业已经超越了远古时的三皇五帝,因此不再使用象征着诸侯国君主的称号"王",而自称始皇帝。就这样,中国历史上长达 2000 多年的君主专制中央集权制度正式确立。

2.　具体概念与抽象概念

具体概念又叫作实体概念,即概念所反映的这一事物是具体或实体的事物,如"秦始皇"这一概念就是具体概念,它指的就是中国历史上第一个皇帝秦始皇,具体概念还有如商鞅、巨鹿之战、祁连山、《大明律》等反映的是具体事物的名词。

抽象概念又叫作属性概念,即概念所反映的不是具体的事物,而是一种抽象的事物,如"皇帝"这一概念就是抽象概念,它反映的是抽象的封建社会的最高统治者,抽象概念还有固体、飞行物、鱼儿、书籍等反映的是抽象事物的名词。

五、明朝的锦衣卫——集合概念

1. 锦衣卫

锦衣卫即锦衣亲军指挥使司的简称，由明朝开国皇帝朱元璋为加强君权而设立，从有明一代来看，锦衣卫在性质上是一个直接向皇帝负责的特务组织。

在明朝建立之初，作为特务组织的锦衣卫主要任务是监视手握兵权、地位崇高的功臣集团；靖难之役后，锦衣卫成为朱棣巩固统治的得力工具，除了被用来打击建文帝的残余势力外，也被用来秘密监视分封在各地的藩王以及驻守在各地的将领；明朝中后期，宦官乱政，锦衣卫之权也操纵在皇帝的亲信宦官之手，如明熹宗朱由校时期的大太监魏忠贤就利用锦衣卫来排除异己。

锦衣卫作为直接向皇帝负责的特务机构，皇帝的昏庸与否决定了锦衣卫所起的作用，有明一代，只有在朱元璋、朱棣等几个有作为皇帝的领导下，锦衣卫起着巩固统治和澄清吏治的作用，而在大部分时期，锦衣卫更多起着消极作用。因此后世对明代锦衣卫评价不高，认为锦衣卫祸国殃民，但究其根本，祸国殃民的是君主专制。

2. 集合概念与非集合概念

集合概念 ▷ 即概念所反映的这一事物是集合体。 ▷ 如"锦衣卫"这一概念就是集合概念,在这一集合概念内,从首领锦衣卫指挥使以下,人数多达数万。
集合概念还有如明十三陵、东林党、森林、狼群等概念。

非集合概念 ▷ 即概念所反映的这一事物是非集合体。 ▷ 如"明太祖"这一概念就是非集合概念,它所反映的事物就只是朱元璋一人而已。
非集合概念还有类似鄱阳湖、天舟一号、景山等概念。

六、概念故事

1. 新编白马非马

某天,公孙龙从邯郸起身出游他国,当他牵着一匹白马正要出城门时,不幸被守门老军拦下了。

就这样，公孙龙大摇大摆地牵着他的白马出了城。

后来，有人听说了公孙龙"白马非马"的言论，亲自登门来找他辩驳。

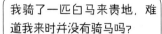

在"白马非马"这个辩论中,公孙龙一直在论证的都是白马的个性与马的共性的差异,即两个概念间存在的差异,并将这个无可否认的事实偷换成了白马不是马这个论断。

2. 日近长安远

司马绍(晋明帝)是东晋开国皇帝司马睿(晋元帝)的长子,他幼时便聪明异常,深受元帝喜爱。《世说新语》中也有对司马绍幼时聪明异常的记载。

晋明帝数岁,坐元帝膝上。有人从长安来,元帝问洛下消息,潸然流涕。明帝问何以致泣?具以东渡意告之。因问明帝:"汝意谓长安何如日远?"答曰:"日远。不闻人从日边来,居然可知。"元帝异之。明日集群臣宴会,告以此意，更重问之。乃答曰："日近。"元帝失色，曰："尔何故异昨日之言邪？"答曰："举目见日，不见长安。"

司马绍第一次回答时，用"距离"回答了谁更远，结论是日远，第二次回答时却用"能否看见"回答了谁更远，结论便成了长安远。如果我们用逻辑学的角度来评价司马绍的这两个回答，我们需要指出他在"远"这个概念上的不确定性，概念在同一个问题中需要保证稳定性和准确性。

3. 阿基里斯追不上乌龟

阿基里斯追不上乌龟也被称为"阿基里斯悖论"，是由古希腊埃利亚城邦的埃利亚学派的代表人物芝诺提出的。阿基里斯即古希腊神话中的阿喀琉斯，是一个健壮、勇敢有着天神属性的大英雄。那么他怎么会追不上又小又慢的乌龟呢？我们来看芝诺给出的故事。

某一时刻，一只乌龟位于阿基里斯的前方 1000 米处，就在此处，阿基里斯和乌龟将展开一场赛跑。假设一：阿基里斯的奔跑速度是乌龟奔跑速度的 10 倍。假设二：阿基里斯和乌龟所处的跑道没有任何障碍，绝对不会阻碍阿基里斯或乌龟的奔跑速度。

比赛开始，阿基里斯不费吹灰之力如风驰电掣般跑了 1000 米，正好跑到了乌龟原来所处的位置，他用时 T 分钟。而此时，比他慢 10 倍的乌龟，也往前跑了 100 米，还继续领先他。

比赛继续，当 T/10 分钟后，阿基里斯又往前跑了 100 米，而乌龟又往前跑了 10 米，乌龟继续领先于阿基里斯。

　　当 T/100 分钟后，阿基里斯又往前跑了 10 米，而乌龟又往前跑了 1 米，乌龟仍然领先于阿基里斯。

　　依此类推，这个又小又慢的乌龟将一直领先阿基里斯，而阿基里斯只能无限接近乌龟，却追不上它。

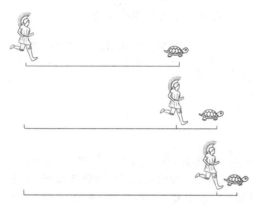

　　请注意，这个渐趋变小的跑道正是阿基里斯设置的一个 "牛角尖"，很多人非常容易顺着他的思路去钻这个牛角尖。因为跑道距离即便在 0.1 米以下也可以缩短至无限小，阿基里斯所用的时间也可以缩短至无限小，在这个无限小的距离和时间内，阿基里斯确实追不上乌龟。

　　但是，在无限小的距离和时间内追不上乌龟，不代表阿基里斯追不上乌龟，因为风驰电掣的阿基里斯会迅速超越这个无限小的距离和时间，并远远地将又小又慢的乌龟甩在身后，比如奔跑距离是 2000 米，时间是 2T 分钟的时候。

　　在这里，芝诺把可以无限缩小的距离和时间的这个感觉偷换成了阿基里斯永远追不上乌龟这个错觉，真的是一个杰出的、狡猾的诡辩家。

4. 18元8角8分

18元8角8分是周恩来总理在答外国记者提问时的一个机智回答，此故事长久以来被人们津津乐道。

请问阁下，中国人民银行有多少资金？

中国人民银行的货币资金吗？有18元8角8分。中国人民银行发行的人民币面额有10元、5元、2元、1元、5角、2角、1角、5分、2分、1分，10种主辅人民币，合计18元8角8分。

在当时，"中国人民银行有多少资金？"这个问题的答案可以说是一个不折不扣的国家机密。面对外国记者如此尖锐甚至是不怀好意的提问，周总理随机应变，以1962年起中国人民银行陆续发行的第三套人民币单套面额总和18元8角8分，巧妙地回答了这个涉密的问题。不仅化解了敌意，还赢得了在场所有人的掌声。

第 4 章

从三打白骨精说
"判断"与"命题"

判断是什么？

日常生活中，我们几乎每一天都在下判断，比如今天某人吃了一种之前从未见过、吃过的食物，他觉得这种食物非常可口，他便会情不自禁地下个判断："这种食物真好吃！"据此，可以来解释什么是判断——

判断是对事物具有或不具有某种属性所做的断定，是一种思维过程和思维的形式。

命题是什么？

命题是表达判断的语言形式。

也就是说，作为思维过程或形式的判断要依赖命题这一种语言形式来进行表达，单单抽象的、脱离了语言形式的判断是不存在的。

一般来说，命题用直接陈述句、假设句、关联句等句式来表达。

直接陈述句：

例一：漠河县是中国最北端的县级行政区。

例二：鲁迅是享誉世界的中国作家。

这两个陈述句表达了两个性质命题，即"……是……"。

假设句：

例一：大学生如果经常逃课，就会荒废学业。

例二：如果被关进鸟笼，鸟儿就失去了自由。

这两个假设句表达了两个充分条件假言命题，即"如果……，就……"。

关联句：

例一：只有遵守交通规则，才能保证出行安全。

例二：事实证明，只有发展经济，国家才能富强。

这两个关联句表达了两个必要条件假言命题，即"只有……，才……"。

以上三种命题以及所有命题的逻辑形式中均包含着逻辑常项与逻辑变项。

以"只有……，才……"举例，即"只有 p，才 q"，p 表示"只有"之后的肢命题，也被称为前件；q 表示"才"之后的肢命题，也被称为后件。

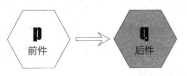

"只有 p，才 q"中，逻辑常项即"只有""才"，在以上的两个例句中，它们都是不变的部分。不变的逻辑常项往往决定逻辑形式的性质，是不同逻辑形式加以区分的根本依据。以上陈述句中的逻辑常项"是"，假设句中的逻辑常项"如果""就"，在性质上改变了各自命题的逻辑性质。

逻辑变项即"p""q"，以上的两个例句中，它们都是变化的部分。变化的逻辑变项往往决定着逻辑形式所存在的基础，即判断的内容。以上两个例句逻辑变项不同，所表达的判断的内容也不同。

三打白骨精在中国是家喻户晓的故事，它出自明代吴承恩所著的长篇章回体神魔小说《西游记》第二十七回，讲述了尸魔白骨精与内外交困的孙行者所进行的三番争斗，情节跌宕起伏。下面，就用三打白骨精的故事来解释"判断"与"命题"的几种类型。

一、一打白骨精

1. 猪八戒：女菩萨！——性质判断

师徒四人入山，正行到嵯峨之处，三藏道："悟空，我这一日，肚中饥了，你去那里化些斋吃？"行者将身一纵，跳上云端里，只见正南上有一座高山，那山向阳处，有一片鲜红的点子。行者按下云头道："师父，有吃的了。那南山有一片红的，想必是熟透了的山桃，我去摘几个来你充饥。"行者取了钵盂，纵起祥光，须臾间，奔南山摘桃不题。

　　却说常言有云：山高必有怪，岭峻却生精。果然这山上有一个妖精，孙大圣去时，惊动那怪。他在云端里，踏着阴风，看见长老坐在地下，就不胜欢喜道："造化！造化！几年家人都讲东土的唐和尚取大乘，他本是金蝉子化身，十世修行的原体。有人吃他一块肉，长寿长生。"

　　好妖精，停下阴风，在那山凹里，摇身一变，变做个月貌花容的女儿，说不尽那眉清目秀，齿白唇红，左手提着一个青砂罐儿，右手提着一个绿磁瓶儿，从西向东，径奔唐僧。

　　三藏见了，叫："八戒，悟空才说这里旷野无人，你看那里不走出一个人来了？"

　　八戒道："师父，你与沙僧坐着，等老猪去看看来。"

　　那呆子放下钉钯，整整直裰，摆摆摇摇，充作个斯文气象，一直的觌面相迎。真个是远看未实，近看分明，那女子生得俊俏，呆子动了凡心，忍不住胡言乱语，叫道："女菩萨……"

这句"女菩萨"便是猪八戒对这个山野女子做的**性质判断**。
▲ ▲ ▲ ▲

什么是性质判断呢?

即判断某个事物具有或不具有某种属性(性质)的判断。

如金属铜能够导电,这个判断便是一个性质判断,性质判断是一种简单判断。性质判断有真有假,显然猪八戒这个夯货判断错了。

2. 孙行者: s (这个女子) 不是 p (好人) ——性质命题

师父,我丈夫在山北凹里,带几个客子锄田。这是奴奴煮的午饭,送与那些人吃的。忽遇三位远来,却思父母好善,故将此饭斋僧,如不弃嫌,愿表芹献。

善哉!善哉!我有徒弟摘果子去了,就来,我不敢吃。假如我和尚吃了你饭,你丈夫晓得,骂你,却不罪坐贫僧也?

凭那女子怎般说巧,三藏也只是不吃。旁边却恼坏了八戒。他不容分说，一嘴把个罐子拱倒，就要动口。

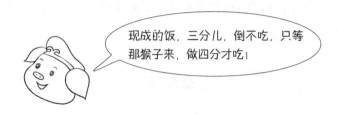

现成的饭，三分儿，倒不吃，只等那猴子来，做四分才吃！

只见那行者自南山顶上，摘了几个桃子，托着钵盂，一筋斗，点将回来，睁火眼金睛观看，认得那女子是个妖精，放下钵盂，掣铁棒，当头就打。

师父，你面前这个女子，莫当作个好人。

悟空！你走将来打谁？

这句"你面前这个女子，莫当作个好人"便是一个**性质命题**，断定了面前这个山野女子不是个好人。

什么是性质命题?

即判断某个事物具有或不具有某种属性（性质）的命题，也被称为直言命题。

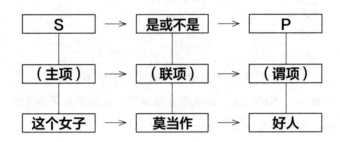

此外，性质命题中还存在一个量项——用来表明主项外延范围的词项：

全称量项：如"所有的国家都具有领土"这一命题中，"所有的"就是全称量项。

特称量项：如"有的民族没有文字"这一命题中，"有的"就是特称量项。

单称量项：如"一个运动员是冠军"这一命题中，"一个"就是单称量项。

性质命题有真有假，孙行者所说的这个性质命题显然是个真命题，因为在他的火眼金睛下，凡间的妖魔鬼怪是藏匿不得的。

3. 性质命题的划分以及对当关系

（1）性质命题的划分

按照不同的划分标准，性质命题可以划分为不同的种类。

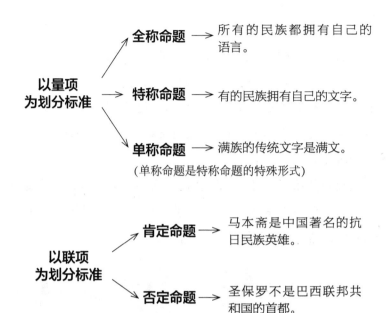

以量项、联项同为划分标准：

（A 命题）全称肯定命题——所有的侵略战争都是惨无人道的

　　（公式：所有的 s 都是 p，缩写为 SAP。）

（E 命题）全称否定命题——所有的非洲国家都不是发达国家

　　（公式：所有的 s 都不是 p，缩写为 SEP。）

（I 命题）特称肯定命题——有的亚洲国家是发达国家

　　（公式：有的 s 是 p，缩写为 SIP。）

（O 命题）特称否定命题——有的传统节日不是法定节假日

　　（公式：有的 s 不是 p，缩写为 SOP。）

　　单称肯定命题——特称肯定命题的特殊形式

　　单称否定命题——特称否定命题的特殊形式

（2）性质命题间的对当关系

以量项、联项同为划分标准，将性质命题划分为了 A、E、I、O 四种命题。主项（s）、谓项（p）相同的 A、E、I、O 四种命题相互之间有着真假制约关系，这种真假制约关系又被称作对当关系。对当关系具体有四种：上反对关系、下反对关系、差等关系、矛盾关系。

上反对关系（A、E 之间）：两个命题可以同假，但不能同真。即 A 命题与 E 命题：一个命题真，则另一个命题必为假；一个命题假，则令一个命题的真假不能确定。

已知 A 命题 "所有的侵略战争都是惨无人道的" 为真，则其对应的 E 命题 "所有的侵略战争都不是惨无人道的" 必为假。已知 A 命题 "某国参赛的运动员都获得了奖牌" 为假，其对应的 E 命题 "某国参赛的运动员都没有获得奖牌" 真假不定。

下反对关系（I、O 之间）：两个命题可以同真，但不能同假。即 I 命题与 O 命题：一个命题假，则另一个命题必为真；一个命题真，则另一个命题的真假不能确定。

已知 **I 命题** "有的美国人是中国人"（中国法律不支持双国籍）为假，则其对应的 **O 命题** "有的美国人不是中国人" 必为真。

已知 **I 命题** "有的亚洲国家是发达国家" 为真，其对应的 **O 命题** "有的亚洲国家不是发达国家" 真假不定。

差等关系（A、I 之间，E、O 之间）：全称命题真，则其对应的特称命题必为真；全称命题假，则其对应的特称命题真假不定。特称命题真，则其对应的全称命题真假不定；特称命题假，则其对应的全称命题必为假。

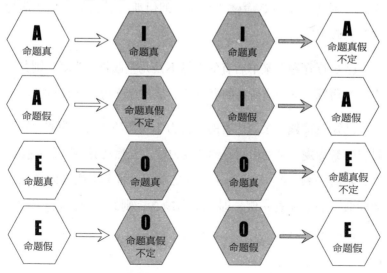

已知 A 命题 "某班所有的同学都参加了植树活动" 为真，则其对应的 I 命题 "某班有的同学参加了植树活动" 必为真。

已知 A 命题 "所有明末清初来华的外国人都是传教者" 为假，则其对应的 I 命题 "有的明末清初来华的外国人是传教者" 真假不定。

已知 I 命题 "有的幼儿园是正规的" 为真，则其相对应的 A 命题 "所有的幼儿园都是正规的" 真假不定。

已知 I 命题 "有的草药是植物" 为假，则其对应的 A 命题 "所有的草药都是植物" 必为假。

已知 E 命题 "所有的行星都不会发光" 为真，则其对应的 O 命题 "有的行星不会发光" 必为真。

已知 E 命题 "所有的伊朗伊斯兰教信徒都不属于逊尼派" 为假，则其对应的 O 命题 "有的伊朗伊斯兰教信徒不属于逊尼派" 真假不定。

已知 O 命题 "某书店有的书籍不是儿童读物" 为真，则其对应的 E 命题 "某书店所有的书籍都不是儿童读物" 真假不定。

已知 O 命题 "某商店有的巧克力不是黑巧克力" 为假，则其对应的 E 命题 "某商店所有的巧克力都不是黑巧克力" 必为假。

矛盾关系（A、O 之间，E、I 之间）：两个不能既同真也不能同假，必然一真一假。即一个命题真，则另一个命题必为假；一个命题假，则另一个命题必为真。

已知 A 命题 "所有的黄酒都是酿造酒" 为真，则其对应的 O 命题 "有的黄酒不是酿造酒" 必为假。

已知 O 命题 "某间办公室有的电灯不是手动开关" 为假，则其对应的 A 命题 "某间办公室所有的电灯都是手动开关" 必为真。

已知 E 命题 "所有的正史都不是完全真实的" 为真，则其对应的 I 命题 "有的正史是完全真实的" 必为假。

已知 I 命题 "有的网络文学是有深度的" 为真，则其对应的 E 命题 "所有的网络文学都是没有深度的" 必为假。

（3）性质命题主谓项的周延性

A 命题的主项是周延的，谓项是不周延的。

如 "所有的橘子都是水果。"

主项 "橘子" 是周延的，它的外延包含了品种不同的一切橘子；谓项 "水果" 是不周延的，它的外延没有包含一切的水果。

E 命题的主项、谓项都是周延的。

如 "所有的纯净水都不是矿泉水。"

主项"纯净水"是周延的，它的外延包含了形形色色一切的纯净水；谓项"矿泉水"也是周延的，它的外延也包含了形形色色一切的矿泉水。

I命题的主项、谓项都是不周延的。

如"有的运动员是国家一级运动员。"

主项"运动员"是不周延的，外延只包含"有的"这一部分；谓项"国家一级运动员"也是不周延的。

O命题的主项是不周延的，而谓项是周延的。

如"有的知识分子不是科学家。"

主项"知识分子"是不周延的，外延只包含"有的"这一部分；谓项"科学家"是周延的，包含了所有的科学家。

4. 孙行者：他是个妖精，要来骗你哩！——联言判断

悟空："他是个妖精，要来骗你哩！"

唐僧："你这猴头，当时倒也有些眼力，今日如何乱道！这女菩萨有此善心，将这饭要斋我等，你怎么说他是

个妖精？"

　　那唐僧那里肯信，只说是个好人……行者又发起性来，掣铁棒，望妖精劈脸一下。那怪物有些手段，使个解尸法，见行者棍子来时，他却抖擞精神，预先走了，把一个假尸首打死在地下。

　　这句："他是个妖精，要来骗你哩！"便下了一个**联言判断**，该判断断定了"他是个妖精"并且"他要来骗你！"两种情况的同时存在。

什么是联言判断呢？

　　即断定两个或两个以上的情况同时存在的一种判断。具体来说，联言判断可以分为两种情况，一是两个或两个以上的事物具有或不具有某种属性，二是某种事物具有或不具有两种或两种以上的属性。"他是个妖精，要来骗你哩！"是第二种情况，表述为他是个妖精并且他要来骗你。联言判断是一种复合判断，其中包含着两个或两个以上的简单判断，这些简单判断被称为"肢判断"。

　　联言判断有真有假，一个肢判断假，则联言判断假，所有肢判断真，联言判断才真。孙行者所做的这个联言判断显然是真的。

5.　p（他是个妖精）并且 q（要来骗你哩！）——联言命题

　　同样是这句"他是个妖精，要来骗你哩！"这句话是一个**联言命题**，即断定他是个妖精以及他要来骗你，这两个情况同时存在。

什么是联言命题呢?

联言命题——即断定两个或两个以上情况同时存在的一种命题。在联言命题中,一般都包含着两个或两个以上的命题,所以联言命题属于复合命题。联言命题所包含的命题,被称为"肢命题"或"联言肢"。

公式: $p \land q$

> **p** 表示一个肢命题,即例句中的"他是个妖精"。
>
> **q** 也表示一个肢命题,即例句中的"他要来骗你哩"。
>
> **∧** 表示并且,是一个联结词。

联言命题有真有假,一个肢命题假,则联言命题假,所有肢命题真,联言命题才真。

孙行者所做的这个联言命题显然也是真的。

6. 联结词的几种类型以及联言命题的应用

(1)联结词的几种类型

并列词语	如"并且、和、同……"。 例句:"大学士李鸿章善于做官,并且善于办洋务。"
递进词语	如"不但……而且,不仅……也"。 例句:"母亲节,小明不但要送妈妈一束花,而且要送最具意义的康乃馨。"
转折词语	如"虽然……但是,尽管……还"。 例句:"第二次世界大战虽然已经结束了半个多世纪,但是其影响却深远持久。"

（2）联言命题的应用

联言命题的特性"一个肢命题假，则联言命题假，所有肢命题真，联言命题才真"可被用来判断事物的真假。

愚人节的由来

西方民间的传统节日愚人节相传起源于 16 世纪的欧洲，彼时的欧洲正经历着历法变更。从公元前 45 年至公元 1582 年，广大欧洲地区都使用着由罗马共和国独裁官儒略·凯撒于公元前 45 年颁行的儒略历。然而，1000 多年过去之后，人们发现儒略历纪年产生的误差越来越大，国家、宗教以及个人生活的方方面面已经受到了不小的干扰。

迫于儒略历的缺陷，彼时的罗马教皇格里高利十三世着手进行了历法的更改，他最终采纳了由意大利医生、哲学家阿洛伊修斯·里利乌斯提出的基于儒略历而改进的新历法，此历法便是盛行于后世的格里高利历，即我们俗称的公历。

新事物的诞生总会遭到守旧者的反对，格里高利历的诞生也不例外。在儒略历中，公历的 3 月 25 日为新年的第一天，4 月 1 日当天人们习惯于互送礼物，庆祝新年。公历施行之后，守旧者依然坚持在 4 月 1 日互送礼物，这就使得热衷于新事物的人们不满并发展为借此捉弄他们了。

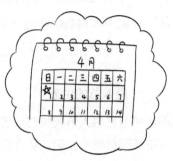

4月1日当天，许多守旧者沉浸在节日的氛围中，热衷新事物的人们也于此时为他们送来了新年的"祝福"以及看起来或听起来不错的"礼物"，兴高采烈的守旧者在晚间打开"礼物"时惊呆了：糖果变成了碎石头，鲜鱼变成了破纸板，"国王薄饼"竟然是用泥土制成的……

送你一个礼物

第二年的4月1日，热衷新事物的人们没有再给守旧者送"礼物"，然而守旧者依法炮制的"礼物"却送上了

门。去年收到"国王薄饼"的守旧者埃德蒙同样准备了一个泥土制成的"国王薄饼"，他敲开了邻居费雷德里克的家门。

"你好，埃德蒙，今天是什么特殊节日吗？"

看着来人，费雷德里克立刻想到了去年他送出的"国王薄饼"，于是便抢先问道。

"不，只是个普通的日子。"

埃德蒙不假思索地回答道，然而他身上的新衣已经被费雷德里克看在了眼里。

"这是我刚做的食物，美味极了，拿过来让你尝尝！"埃德蒙假笑着继续说道。

"不了，谢谢你的好意，我这就要出远门去了，食物还是请你带回去享用吧！"费雷德里克说毕，关门扬长而去。

许多守旧者同埃德蒙一样铩羽而归，他们当然不甘心，思谋着来年该如何如何；然而也有许多守旧者得手了，许多热衷新事物的人遭到了戏弄，于是他们决心来年"报仇雪恨"。长此以往，4月1日的愚人节习俗便形成了。

费雷德里克为何认定埃德蒙送来的食物是假的呢？这是由于他一开始就不相信埃德蒙了，并且认定了埃德蒙此行是来捉弄他的。费雷德里克从一开始就认定了埃德蒙此行的言行举止是一个虚假的"联言命题"，"食物"便是这个联言命题中的一个"肢命题"，认定联言命题是虚假的，那么自然也就认定肢命题也是虚假的了。

事实证明，费雷德里克的判断是正确的。

二、二打白骨精

却说那妖精，脱命升空。原来行者那一棒不曾打杀妖精，妖精出神去了。他在那云端里，咬牙切齿，暗恨行者道：

几年只闻得讲他手段，今日果然话不虚传。那唐僧已此不认得我，将要吃饭。若低头闻一闻儿，我就一把捞住，却不是我的人了！不期被他走来，弄破我这勾当，又几乎被他打了一棒。若饶了这个和尚，诚然是劳而无功也，我还下去戏他一戏。

……

1. 猪八戒：斋僧的农妇定是他女儿。——关系判断

好妖精，按落阴云，在那前山坡下，摇身一变，变作个老妇人，年满八旬，手拄着一根弯头竹杖，一步一声地哭着走来。

　　八戒见了，大惊道："师父！不好了！那妈妈儿来寻
人了！"

　　唐僧道："寻甚人？"

　　八戒道："师兄打杀的，定是他女儿。这个定是他娘
寻将来了。"

　　……

　　妖精耍起手段，摇身一变成了个八十来岁的老婆婆。
不知是真糊涂，还是心有芥蒂，猪八戒竟然认定这个忽然
出现的老妇人是此前那个山野女子的母亲，还一再强调
孙行者打杀的不是妖精，而是个送饭下田的农妇，他说：
"师兄打杀的，定是他女儿。这个定是他娘寻将来了。"

　　猪八戒这一番话可转述成"斋僧的农妇定是他女儿。"这句
话是猪八戒下的一个**关系判断**，即眼前的这个八句老妇与此前斋
僧的妇女构成母女关系。

　　什么是关系判断呢？

　　即断定两个或多个事物之间是否存在某种关系，如中国和
印度是陆上邻国。关系判断也是一种简单判断，同样有真有假，
猪八戒的判断显然是假的，究其原因，他太主观了，仅仅远远
地见了面，他便声称是妈妈来寻人了，这样判断事物显然是容
易出错的。

2.　R(母女)[a (女子) b (老妇)]——关系命题

　　"斋僧的农妇定是他女儿"，这句话是一个**关系命题**，一个断
定了斋僧的妇女与面前的老妇之间关系的一个命题。

　　什么是关系命题呢？ 即断定两个或两个以上事物关系的命

题，关系命题也是一种简单命题。

公式：R（a，b，c……）

关系命题中包含着三部分：

a，b，c……
关系项

> 关系项是指该命题所涉及的对象。
> 即例句中的"女子""老妇"。

R
关系

> 关系是指该命题中的对象之间的关系。
> 即例句中的"母女关系"。

量项

> 量项是用来表明关系项外延范围的词项，一般分为全称量项、特称量项、单称量项。
> 我们的例句"斋僧的农妇定是他女儿"中，"女子""老妇"都是单称量项。
> 如：命题——所有的苹果都是由果农采摘来的，"所有的"就是全称量项。
> 如：命题——市场上有些商品来自外国，"有些"就是特称量项。

3. 关系命题的分类

（1）对称性关系命题

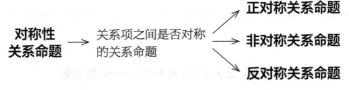

**对称性
关系命题** → 关系项之间是否对称
的关系命题

→ **正对称关系命题**

→ **非对称关系命题**

→ **反对称关系命题**

① 正对称关系命题

如果关系项 a 对关系项 b 具有某种关系，且关系项 b 对关系项 a 也具有同样的关系，那么关系项 a、b 具有正对称关系。即 a

Rb为真，bRa同样为真，那么R就是正对称关系。同乡、同学、同事等一类关系便是对称关系，例如：鲁迅与许寿裳是同乡。

② 非对称关系命题

如果关系项a对关系项b具有某种关系，关系项b对关系项a可能具有同样的关系，也可能不具有同样的关系，那么关系项a、b就具有非对称关系。即aRb为真，bRa真假不定，那么R就是非对称关系。了解、支持、喜欢等一类关系便是非对称关系，例如：东家老范了解教书匠老汪。

③ 反对称关系命题

如果关系项a对关系项b具有某种关系，关系项b对关系项a没有这种关系，那么关系项a、b就是反对称关系。即aRb为真，bRa为假，那么R就是反对称关系。占领、高于、低于等一类关系便是反对称关系，例如：法西斯德国占领了邻国波兰。

（2）传递性关系命题

① 正传递关系命题

如果关系项a对关系项b具有某种关系，关系项b对关系项c具有同样的关系，关系项a对关系项c也具有同样的关系，那么关系项a、b、c之间就是正传递性关系。即aRb为真，bRc为真，aRc也为真，那么R就是正传递性关系。例如：甲年长于乙，乙年长于丙，那么甲必然年长于丙。

② **非传递关系命题**

如果关系项 a 对关系项 b 具有某种关系，关系项 b 对关系项 c 具有同样的关系，然而关系项 a 对关系项 c 可能有也可能没有这样的关系，那么关系项 a、b、c 之间就是非传递性关系。即 aRb 为真，bRc 为真，aRc 真假不定，那么 R 就是非传递性关系。例如：甲乙是朋友，乙丙是朋友，甲丙可能是也可能不是朋友。

③ **反传递关系命题**

如果关系项 a 对关系项 b 具有某种关系，关系项 b 对关系项 c 具有同样的关系，然而关系项 a 对关系项 c 必然没有这样的关系，那么关系项 a、b、c 之间就是反传递性关系。即 aRb 为真，bRc 为真，aRc 必为假，那么 R 就是反传递性关系。例如：甲是乙的母亲，乙是丙的母亲，那么甲必然不是丙的母亲（实为外婆）。

4. 孙行者：斋僧的农妇不是他的女儿！——负判断。

悟空："兄弟莫要胡说！那女子十八岁，这老妇有八十岁，怎么六十多岁还生产？断乎是个假的，等老孙去看来。"

好行者，拽开步，走近前观看，那怪物：假变一婆婆，两鬓如冰雪。走路慢腾腾，行步虚怯怯。弱体瘦伶仃，脸如枯菜叶。颧骨望上翘，嘴唇往下别。老年不比少年时，满脸都是荷叶摺。

行者认得他是妖精，更不理论，举棒照头便打。那怪见棍子起时，依然抖擞，又出化了元神，脱真儿去了，把个假尸首又打死在山路之下。

……

就在猪八戒乱嚷着"这个定是他娘寻将来了"的时候，孙行者打断了他的话，并质疑道："那女子十八岁，这老妇有八十岁，怎么六十多岁还生产？断乎是个假的！"孙行者这些话是对猪八戒此前胡言乱语的否定，这些话可以概括成一句"斋僧的农妇不是他的女儿"。此句所表达的判断，便是对猪八戒此前判断"斋僧的农妇定是他女儿"的否定，在逻辑上被称为**负判断**。

什么是负判断呢？

顾名思义，负判断就是否定原判断后得出的判断，负判断与原判断互相矛盾，原判断真，则负判断假；原判断假，那么负判断则真。

如，原判断：哺乳动物都是陆生动物。

负判断：哺乳动物并非都是陆生动物。

此例中，原判断是假的，负判断是真的，因为哺乳动物有一部分是水生动物，如海豚、海牛等。

5. 并非 p（斋僧的农妇定是他女儿）——负命题

有负判断，同样也有负命题，"斋僧的农妇定是他女儿"是一个关系命题，它的负命题便是：斋僧的农妇并非是他的女儿。

显然，孙行者的负命题真，猪八戒的原命题为假，斋僧的农妇并非是面前这个老婆婆的女儿。按照常理，50 岁之后的妇女基本没有了生育能力，那么面前这位 80 多岁的老婆婆怎么可能在 60 多岁时还能诞下一女婴？怎么可能有一个 18 岁的女儿呢？这分明是不谙人间世事的尸魔白骨精露出的破绽，孙行者没用火眼金睛，仅依着常理便判断出了面前这个老婆婆是个假的。

什么是负命题呢？

顾名思义，即否定原命题后得出的命题（注意：负命题属于符合命题范畴）

公式：并非 p　　　p 代表原命题。

负命题与原命题互相矛盾，原命题真，则负命题假，原命题假，那么负命题则真。

> 例——
> 原命题：赵匡义是北宋的开国皇帝。
> 负命题：赵匡义并非北宋的开国皇帝。

此例中，原命题假，负命题真，北宋的开国皇帝是宋太祖赵匡胤，赵匡义是北宋第二位皇帝，后改名为赵光义。

6. 负命题的分类

（1）简单命题的负命题

① 性质命题的负命题

性质命题具体细分的四种命题的公式以及其负命题分别是：

A 命题（所有的 s 都是 p）——负命题：并非所有的 s 都是 p，即等同于有的 s 不是 p。

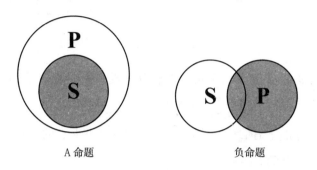

A 命题　　　　　　　　　　　负命题

举例：*所有的鸟儿都住在树上；负命题：并非所有的鸟儿都住在树上，即有的鸟儿不住在树上。*

E 命题（所有的 s 都不是 p）——负命题：并非所有的 s 都不是 p，即等同于有的 s 是 p。

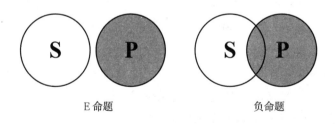

E 命题　　　　　　　　　　　负命题

举例：*所有的着色剂都不是天然的；负命题：并非所有的着色剂都不是天然的，即有的着色剂是天然的。*

I 命题（有的 s 是 p）——负命题：并非有的 s 是 p，即等同于所有的 s 都不是 p。

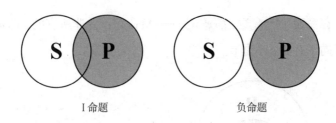

I命题　　　　　　　　　　负命题

举例：有的事物是舶来品；负命题：并非有的事物是舶来品，即所有的事物都不是舶来品。

O命题（有的 s 不是 p）——负命题：并非有的 s 不是 p，即等同于所有的 s 都是 p。

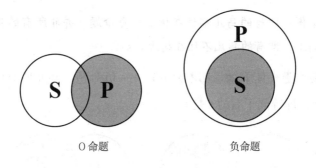

O命题　　　　　　　　　　负命题

举例：有的饭店不是星级饭店；负命题：并非有的饭店不是星级饭店，即所有的饭店都是星级饭店。

②关系命题不存在负命题

（2）复合命题的负命题

①联言命题（p 并且 q）——负命题：并非（p 并且 q），即等同于非 p 或者非 q。

举例：某人是演员，也是作家。负命题：某人并非（演员和作家），即某人并非演员或者并非作家。

② 选言命题

相容性选言命题（p 或者 q）——负命题：并非（p 或者 q），即等同于非 p 并且非 q。

举例：某套书籍滞销，或者由于售价过高，或者由于内容冷僻。负命题：某套书籍滞销，并非（售价过高或者内容冷僻），即某套书籍滞销，并非售价过高也并非内容冷僻。

不相容选言命题（要么 p，要么 q）——负命题：并非（要么 p，要么 q），即等同于（p 并且 q）或者（非 p 并且非 q）。

举例：要么同盟国获胜，要么协约国获胜。负命题：并非（要么同盟国获胜，要么协约国获胜），即同盟国获胜并且协约国获胜或者并非同盟国获胜并且也并非协约国获胜（即对 p、q 同时进行肯定或者同时进行否定）。

③ 假言命题

充分条件假言命题公式（如果 p，那么 q）——负命题：并非（如果 p，那么 q），即等同于 p 并且非 q。

举例：如果没有秦末苛政，那么秦朝将不会二世而亡。负命题：并非（如果没有秦末苛政，那么秦朝将不会二世而亡），即如果没有秦末苛政，秦朝也将二世而亡（即保持条件不变，否定结论）。

必要条件假言命题（只有 p，才 q）——负命题：并非（只有 p，才 q），即等同于非 p 并且 q。

举例：只有参加比赛，才能获得成绩。负命题：并非（只有参加比赛，才能获得成绩），即不参加比赛也能获得成绩。

④ 负命题（非 p）——负命题：并非（非 p），即等同于 p。

举例：甲某是某市市民。负命题：并非（甲某是某市市民），即甲某不是某市市民。

7. 负命题与否命题

对于初学者而言，负命题与否命题这两个截然不同的命题极易混淆，下面对此进行区分。

（1）概念与公式

负命题——概念：命题的否定，只限于否定原命题的结论。

原命题：如果 p，那么 q。

负命题公式：如果 p，那么非 q。

举例：如果没有秦末苛政，那么秦朝将不会二世而亡。负命题：如果没有秦末苛政，那么秦朝也将会二世而亡。

否命题——概念：同时否定原命题条件、结论的命题。

原命题：如果 p，那么 q。

否命题公式：如果非 p，那么非 q。

举例：如果没有秦末苛政，那么秦朝将不会二世而亡。否命题：如果秦末苛政，那么秦朝将会二世而亡。

（2）真假判定

负命题与原命题必然一真一假，不存在其他情况。

原命题"所有的鸟儿都住在树上"为假，负命题"有的鸟儿不住在树上"为真。

否命题的真假与原命题的真假无关。

原命题"所有的鸟儿都住在树上"为假，否命题"有的鸟儿不住在树上"为真。

原命题"如果小林努力学习，那么他将取得好成绩"为假，否命题"如果小林不努力学习，那么他将不会取得好成绩"同样为假。

由以上的两个例子可知，否命题的真假与原命题无关。

三、三打白骨精

却说那妖精，原来行者第二棍也不曾打杀他。那怪物在半空中，夸奖不尽道：

"好个猴王，着然有眼！我那般变了去，他也还认得我。这些和尚，他去得快，若过此山，西下四十里，就不伏我所管了。若是被别处妖魔捞了去，好道就笑破他人口，使碎自家心，我还下去戏他一戏。"

1. 猪八戒：只有使个障眼法，才能掩你的眼目哩！——假言判断

好妖怪，按耸阴风，在山坡下摇身一变，变成一个老公公。

八戒："行者打杀他的女儿，又打杀他的婆子，这个正是他的老儿寻将来了……"

悟空："这个呆根，这等胡说，可不唬了师父？等老孙再去看看。"

他把棍藏在身边，走上前迎着怪物。

悟空："你瞒了诸人，瞒不过我！我认得你是个妖精！"

那妖精唬得顿口无言。

行者掣出棒来，打倒妖魔……

那唐僧在马上，又唬得战战兢兢，口不能言……唐僧正要念咒，行者急到马前，叫道："师父，莫念！莫念！你且来看看他的模样。"却是一堆粉骷髅在那里。

唐僧大惊道："悟空，这个人才死了，怎么就化作一堆骷髅？"

行者道："他是个潜灵作怪的僵尸，在此迷人败本，被我打杀，他就现了本相……"

　　唐僧闻说，倒也信了，怎禁那八戒旁边唆嘴道："师父，他的手重棍凶，把人打死，只怕你念那话儿，故意变化这个模样，掩你的眼目哩！"唐僧果然耳软，又信了他，随复念起。

　　……

　　猪八戒的这番谗言可以概括成"只有使个障眼法，才能掩你的眼目哩"，这句话表达了一个**假言判断**，即孙行者只有使个障眼法，才能掩你唐和尚的眼目。

　　什么是假言判断呢?

　　假言判断也被称为条件判断，即以一个假设的简单判断做条件，断定另一个简单判断。做条件的简单判断被称为前件，当结果的简单判断被称为后件，假言判断反映了前件与后件之间的条件关系。

　　假言判断有三种，即充分条件假言判断、必要条件假言判断以及充分必要条件假言判断。

　　例句中的"只有使个障眼法，才能掩你的眼目哩"做出了必要条件假言判断。

　　充分条件假言判断，如"如果没有'西安事变'的发生，那么国共第二次合作就会推迟"。充分必要条件假言判断，即该判断的前件和后件之间存在着充分必要条件关系，即前件能得出后件的同时，后件也能得出前件。如"中央集权的加强，当且仅当削弱地方割据势力"。

2. 只有 p（使个障眼法），才 q（掩你的眼目哩）——假言命题

既然存在假言判断，那么假言命题也是存在的。猪八戒的"只有使个障眼法，才能掩你的眼目哩"便是一个假言命题。

什么是假言命题呢？

假言命题也被称为条件命题，是一种有别于简单命题的复合命题。即以一个假设的肢命题做条件，推出了另一个肢命题为结论，假言命题表达为：如果 p，那么 q 或只有 p，才 q。作为条件的肢命题被称为前件，作为结果的肢命题被称为后件，假言命题反映了前件与后件之间的条件关系。

3. 假言命题的分类

（1）必要条件假言命题

含义：只有存在前件所言明的情况，才会存在后件所指的情况。

公式：只有 p，才 q——"只有使个障眼法，才能掩你的眼目哩"。

在此类假言命题中，肢命题 p 是肢命题 q 的必要条件，即只有满足 p 是 q 的必要条件时，该必要条件假言命题才成立。

肢命题 p、肢命题 q 以及复合命题"只有 p，才 q"之间的真假关系是：

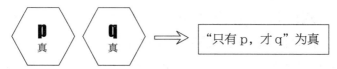

例：只有是未成年人，才受《中华人民共和国未成年人保护法》的保护。

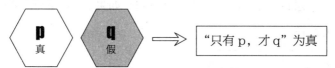

例：某负债累累的企业家只有坚强地活着，才能实现东山再起。

假设此企业家后来并未东山再起，那么肢命题 q 就是假的，然而这无碍于此复合命题是真的。

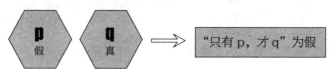

例：只有有着往日的仇隙，才会是某案的犯罪人。

假设该案犯罪人李某是为了谋财而作案，他与受害者往日并无仇隙，那么肢命题 p 就是假的，复合命题也是假的。

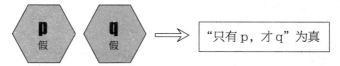

例：大学生刘某只有穿越时空回到明朝末年，才能目睹如火如荼的明末农民起义。

（2）充分条件假言命题

含义：只要存在前件所指的情况，那么就必然存在着后件所指的情况。

公式：如果 p，那么 q——"如果没有全国军民的浴血奋战，那么抗日战争便不能取得全面胜利"。

在此类命题中，肢命题 p 是肢命题 q 存在的充分条件，即只有满足 p 是 q 的充分条件时，该充分条件假言命题才成立。

肢命题 p、肢命题 q 以及复合命题"如果 p，那么 q"之间的真假关系是：

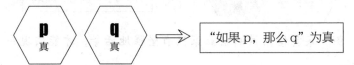

例：如果小明参加了考试，那么小明有成绩。

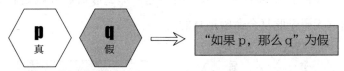

例：如果小明参加了考试，那么小明没有成绩。

肢命题 p"小明参加了考试"为真，肢命题 q"小明没有成绩"为假，该复合命题也为假。

（参加考试便有成绩，即便是 0 分，也是有成绩的，所以肢命题 q 与复合命题皆为假）

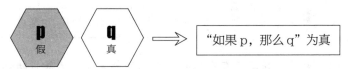

例：如果存在星际间的高速公路，那么通往各星球就便利多了。

在现实中，肢命题 p 显然是假的，因为不存在星际高速公路。

然而假如肢命题 p 存在，那么肢命题 q 便也能成立，所以此类型复合命题是成立的。

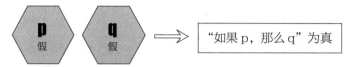

　　例：如果没有朱元璋，那么就没有明王朝。

　　肢命题 p "没有朱元璋"为假，肢命题 q "没有明王朝"为假，当然这都无碍于该复合命题为真。（朱元璋是明朝的主要缔造者，没有他便没有明王朝）

　　（3）充分必要条件假言命题

　　含义：存在前件所指的情况，便存在后件所指的情况；同时存在后件所指的情况，便存在前件所指的情况。

　　公式：p 当且仅当 q——"一个三角形等边当且仅当此三角形等角"。

　　在此类命题中，肢命题 p 与肢命题 q 互相能够推出。

　　肢命题 p、肢命题 q 以及复合命题"如果 p，那么 q"之间的真假关系是：

　　例：某人将接受法律的惩处当且仅当某人触犯了法律。

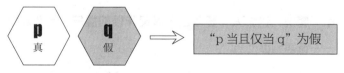

　　例：某人获得中国国籍当且仅当某人出生于中国。

　　肢命题 q 是假的，复合命题也是假的，因为外国人通过移民的方式也可以获得中国国籍。

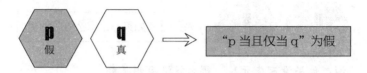

例：水开始凝固结冰当且仅当水温为 0 摄氏度时。

肢命题 p 是假的，复合命题也是假的。当水温为 0 摄氏度时，并且当气压高于一个标准大气压时，水的凝固点低于 0 摄氏度，因此以上情况下水不会凝固结冰。

水凝固结冰与否受所处环境中气压的影响，气压越高，凝固点越低。

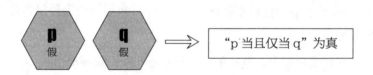

例：楚平王未被伍子胥鞭尸三百当且仅当楚国都城郢都未被吴国攻破。

肢命题 p、q 皆是假的，因为楚国郢都被吴国攻破、楚平王被伍子胥鞭尸三百都是历史事实，当然这无碍于该复合命题为真。

4. 唐僧：这个人，要么是个潜灵作怪的僵尸！要么是个老公公！——选言判断

孙行者告诉唐僧，刚刚被他打死的那个老官儿是个潜灵作怪的僵尸；猪八戒却告诉唐僧，孙行者使了障眼法，刚刚被打死的

那个老官儿是正正经经的乡野老翁。唐和尚该相信哪个？他的脑海中一定出现过这样一个想法："这个人，要么是个潜灵作怪的僵尸！要么是个老公公！"这个想法构成了一个**选言判断**。

什么是选言判断呢?

——即断定几种可能的肢判断，至少有一种存在的复合判断。

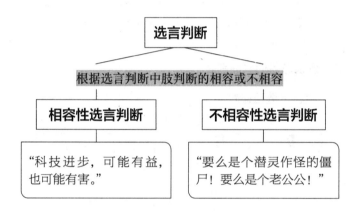

5.　要么 p（是个僵尸），要么 q（是个老公公）——选言命题

同样，有选言判断的存在，便也有选言命题的存在，"要么是个僵尸，要么是个老公公"便是一个**选言命题**。

什么是选言命题呢?

——即断定几种可能的肢命题，至少有一种存在的复合命题。

公式：p ∨ q

其中 p、q 是肢命题，∨ 是析取词，其含义和读法都是"或"。

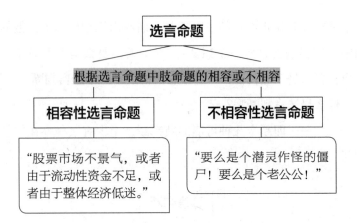

6. 选言命题的真假判定

（1）相容性选言命题

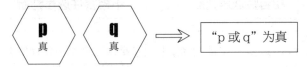

例：小王上班迟到，或是由于路上堵车，或是由于起床迟了。

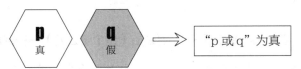

例：牛同学考上了重点大学，可能因为他学习努力，也可能因为他天赋异禀。

其父母、老师、同学均认为牛同学天赋与常人无异，因此可知肢命题 q 假，当然这无碍于该复合命题为真。

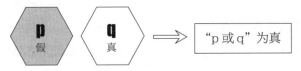

例：某地某年颗粒无收，也许是因为遭了兵灾，也许是因为遭了旱灾。

有学者考证后发现，某地某年并未遭兵灾，而是遭了旱灾、蝗灾，因此可知肢命题 p 假，当然这无碍于该复合命题为真。

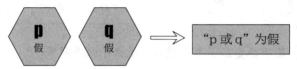

例：清代罗鸿祀中了举人，或是由于饱学多才，或是由于撞了大运。

事实是，饱学多才为假（即肢命题 p 为假），撞了大运亦是假（即肢命题 q 为假）。

在清代咸丰年间的戊午科场案中，才疏学浅的罗鸿祀通过行贿主考官中了举人，谁知后来东窗事发，落得个问斩菜市口的下场。

（2）不相容性选言命题

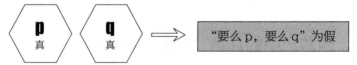

例：甲乙二人围棋比赛，要么甲获胜，要么乙获胜。

如果观众丙先生，既说甲获胜了（即肢命题 p 为真），又说乙获胜了（即肢命题 q 为真），那么他所说的话一定有问题，两个不相容的肢命题同时为真，也就是说该复合命题一定为假。

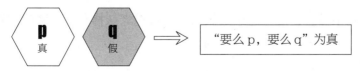

例：某项目要么小王是冠军，要么小张是冠军。

赛后获知小王获得了冠军，小张获得了亚军，所以可知肢命题 q 是假的。

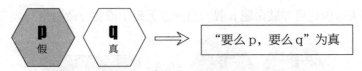

例：某项目要么小王是冠军，要么小张是冠军。

赛后获知小张获得了冠军，小王获得了亚军，所以可知肢命题 p 是假的。

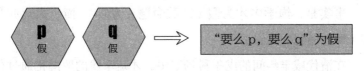

例：甲乙二人围棋比赛，要么甲获胜，要么乙获胜。

如果观众丁先生，既说甲没有获胜（即肢命题 p 为假），又说乙没有获胜（即肢命题 q 为假），那么他所说的话一定有问题，两个不相容的肢命题同时为假，也就是说该复合命题一定为假。

四、西游记中的几则"命题"故事

孙悟空"三打白骨精"后，唐僧认为他滥杀无辜，生气地将他赶走。就这样，师徒三人继续西行，过了白虎岭，来到一处松林之内。唐僧饥饿，遣八戒去寻斋饭。谁知八戒久去未归，天色渐晚，沙僧便去寻他。唐僧独坐林中，心觉闷倦，便强打精神，在林中散步，谁知却误入妖穴，被黄袍老妖擒获，正悲啼烦恼时，忽见洞里走出一个妇人来……

1.　波月洞，百花羞巧计放唐僧——假言命题

妇人扶着定魂桩叫道："那长老，你从何来？为何被他缚在此处？"

唐僧道："贫僧乃是差往西天取经者，不期闲步，误撞在此。如今要拿住我两个徒弟，一齐蒸吃哩。"

那妇人道："长老宽心，你既是取经的，我救得你。我家离此西下，有三百余里。那里有座城，叫作宝象国。我是那国王的第三个公主，乳名叫作百花羞。只因十三年前八月十五日夜，玩月中间，被这妖魔一阵狂风摄将来，与他做了十三年夫妻。

在此生儿育女，杳无音信回朝，思量我那父母，不能相见。那宝象国是你西方去的大路，你与我捎一封书儿去，拜上我那父母，我就教他饶了你罢。"

三藏点头道："女菩萨，若还救得贫僧命，愿做捎书寄信人。"

……

却说公主娘娘，心生巧计，出门外，厉声高叫道："黄袍郎！"

那妖王听得公主叫唤，攮着公主道："浑家，有甚话说？"

公主道："是我幼时，在宫里对神暗许下一桩心愿：若得招个贤郎驸马，上名山，拜仙府，斋僧布施……不期那桩上绑着一个僧人，万望郎君慈悯，看我薄意，饶了那个和尚罢，只当与我斋僧还愿，不知郎君肯否？"

那怪道："浑家，你却多心呐！甚么打紧之事。我要吃人，那里不捞几个吃吃？这个把和尚，到得那里，放他去罢。"

……

此次唐和尚遇险，孙行者前因"三打白骨精"已被撵走，猪八戒、沙和尚二人斗不过黄袍怪，救唐和尚是心有余而力不足。徒弟们是没了指望，幸亏这波月洞里有一个善良的宝象国公主百花羞。

在唐和尚答应了做捎书寄信人之后，百花羞杜撰了一个"幼年曾对神许愿，如今要还愿"的故事。这个故事的关键是百花羞要还愿，而还愿便是要斋僧，如今波月洞内有一个现成的受难的僧人，于是百花羞便恳求黄袍怪将那受难的僧人（唐和尚）给放了，让她得以还愿。黄袍怪一来要替妻子还愿，二来他不以唐和尚为奇货（因为黄袍怪本是天上奎星，不需要吃唐僧肉以求长生不老），所以便将唐和尚给放了。

百花羞一番言语中，最重要的是这句："若得招个贤郎驸马，上名山，拜仙府，斋僧布施"。正因为这句话，百花羞才有了让黄袍怪放唐僧的理由。在逻辑学上，这句话可以当作一个假言命题，确切来说是一个充分条件假言命题，即如果我（百花羞）能招个贤郎驸马，那么我（百花羞）将上名山，拜仙府，斋僧布施。

2. 宝象国，圣僧瞬息成猛虎——性质命题

那黄门奏事官来至白玉阶前，奏道："万岁，有三驸马来见驾，现在朝门外听宣。"

那国王正与唐僧叙话，忽听得三驸马，便问多官道："寡人只有两个驸马，怎么又有个三驸马？"

国王准奏叫宣，把妖怪宣至金阶。问他："驸马，你几时得我公主配合？怎么今日才来认亲？"

那老妖叩头道："主公，微臣十三年前见一只斑斓猛虎，身驮着一个女子，往山坡下走。是微臣兜弓一箭，射倒猛虎，救了他性命。只因他说是民家之女，才被微臣留在庄所。女貌郎才，两相情愿，故配合至此多年。当时配合之后，将虎解了索子，饶了他性命。不知他得了性命，在那山中修了这几年，炼体成精，专一迷人害人……主公啊，那绣墩上坐的，正是那十三年前驮公主的猛虎，不是真正取经之人！"

怪物道："借半盏净水，臣就教他现了本相。"

国王命官取水，递与驸马。那怪接水在手，纵起身来，走上前，使个"黑眼定身法"，念了咒语，将一口水望唐僧喷去，叫声："变！"那长老的真身，隐在殿上，真个变作一只斑斓猛虎……

狡猾的黄袍怪忽然倒打一耙，将唐和尚诬蔑成了成精作怪的老虎，那昏朽的国王一听还就信了。接着黄袍怪卖弄本领，真就把唐和尚变成了凶恶的猛虎，堂堂圣僧被囚禁在了铁笼里。

在这个故事中，唐和尚经历了从"殿上赐座"到"囚禁笼中"的不幸遭遇，在国王以及众臣眼中，他也从大唐圣僧变成了斑斓猛虎。从圣僧到猛虎，这在逻辑学上构成了两个性质命题。

性质命题一：唐和尚是一个得道的大唐圣僧；

性质命题二：唐和尚是一个害人的斑斓猛虎。

这两个性质命题都是单称命题，主项都是唐和尚，命题一是真的，命题二是假的。

3. 火云洞，圣婴大王红孩儿——联言命题

好怪物，就在半空里弄了一阵旋风，呼的一声响亮，走石扬沙，诚然凶狠。好风：淘淘怒卷水云腥，黑气腾腾闭日明。岭树连根通拔尽，野梅带干悉皆平。黄沙迷目

人难走，怪石伤残路怎平。滚滚团团平地暗，遍山禽兽发哮声。

　　刮得那三藏马上难存，八戒不敢仰视，沙僧低头掩面。孙大圣情知是怪物弄风，急纵步来赶时，那怪已骋风头，将唐僧摄去了，无踪无影，不知摄向何方，无处跟寻。

　　一时间，风声暂息，日色光明。行者上前观看，只见白龙马战兢兢发喊声嘶，行李担丢在路下，八戒伏于崖下呻吟，沙僧蹲在坡前叫唤。

　　……

　　行者闻言，满心欢喜，喝退了土地山神，却现了本相，跳下峰头，对八戒、沙僧道："兄弟们放心，再不须思念，师父决不伤生，妖精与老孙有亲……刚才这伙人都是本境土地山神。我问他妖怪的原因，他道是牛魔王的儿子，罗刹女养的，名字唤做红孩儿，号圣婴大王。想我老孙五百年前大闹天宫时，遍游天下名山，寻访大地豪杰，那牛魔王曾与老孙结七弟兄。一般五六个魔王，止有老孙生得小巧，故此把牛魔王称为大哥。这妖精是牛魔王的儿子，我与他父亲相识，若论将起来，还是他老叔哩，他怎敢害我师父？我们趁早去来。"

……

唐和尚又被妖怪给抓去了，师兄弟三人寻了唐和尚六七十里地，却什么也没发现，恼了的孙行者一顿乱棒打出了一伙山神、土地。一番盘问之后，孙行者得知掳走他师父的那妖怪，原来是义兄弟牛魔王的儿子，是他孙行者的侄子，于是孙行者满心欢喜道："兄弟们放心，再不须思念，师父决不伤生，妖精与老孙有亲。"

"妖精与老孙有亲"，此言一出，在孙行者、猪八戒以及沙和尚的意识中，那个圣婴大王红孩儿就有了双重身份，一是用旋风卷走唐和尚的妖精，二是孙行者的亲戚。

从逻辑学来说，圣婴大王红孩儿的双重身份构成了一个联言命题，即圣婴大王是个妖精，并且还是孙行者的亲戚。

4. 通天河，灵感大王要吃童男女——选言命题

又行不多时，只听得滔滔浪响……好大圣，纵筋斗云，跳在空中，定睛观看，但见那：洋洋光浸月，浩浩影浮天。灵派吞华岳，长流贯百川。千层汹浪滚，万迭峻波颠。岸口无渔火，沙头有鹭眠。茫然浑似海，一望更无边。急收云头，按落河边道："师父，宽哩宽哩！去不得！老孙火眼金睛，白日里常看千里，凶吉晓得是，夜里也还看三五百里。如今通看不见边岸，怎定得宽阔之数？"

三藏大惊，口不能言，声音哽咽道："徒弟啊，似这等怎了？"沙僧道："师父莫哭，你看那水边立的，可不是个人么。"行者道："想是扳罾的渔人，等我问他去来。"拿

了铁棒,两三步跑到面前看处,呀!不是人,是一面石碑。碑上有三个篆文大字,下边两行,有十个小字。三个大字乃"通天河",十个小字乃"径过八百里,亘古少人行"。

……

老者道:"你们到水边,可曾见些什么?"行者道:"止见一面石碑,上书'通天河'三字,下书'径过八百里,亘古少人行'十字,再无别物。"老者道:"再往上岸走走,好的离那碑记只有里许,有一座灵感大王庙,你不曾见?"行者道:"未见,请公公说说,何为灵感?"那两个老者一齐垂泪道:"老爷啊!那大王:感应一方兴庙宇,威灵千里佑黎民。年年庄上施甘露,岁岁村中落庆云。"

行者道:"施甘雨,落庆云,也是好意思,你却这等伤情烦恼,何也?"那老者跌脚捶胸,哏了一声道:"老爷啊!虽则恩多还有怨,纵然慈惠却伤人。只因要吃童男女,不是昭彰正直神。"

行者道:"要吃童男女么?"老者道:"正是。"行者

道："想必轮到你家了？"老者道："今年正到舍下。我们
这里，有百家人家居住。此处属车迟国元会县所管，唤做
陈家庄。这大王一年一次祭赛，要一个童男，一个童女，
猪羊牲醴供献他。他一顿吃了，保我们风调雨顺；若不祭
赛，就来降祸生灾。"

......

这个灵感大王，保佑陈家庄老百姓风调雨顺是好，年年要吃
童男女是恶，老百姓没称他是妖，只说他不是昭彰正直神。灵感
大王的这个恶真是恨的人咬牙切齿，但不给吃还不行，灵感大王
威胁在先"若不给吃童男女，就要降祸生灾"。

从逻辑学上来讲，灵感大王这个威胁构成了一个选言命
题，准确说是不相容选言命题，即"要么奉上童男女，要么降祸
生灾"。

5. 小雷音寺，黄眉大王假冒佛祖——负命题

行者看罢回复道："师父，那去处是便是座寺院，却
不知禅光瑞霭之中，又有些凶气何也。观此景象，也似雷
音，却又路道差池。我们到那厢，决不可擅入，恐遭毒
手。"唐僧道："既有雷音之景，莫不就是灵山？你休误了
我诚心，担搁了我来意。"行者道："不是，不是！灵山之
路我也走过几遍，那是这路途！"八戒道："纵然不是，
也必有个好人居住。"沙僧道："不必多疑，此条路未免从
那门首过，是不是一见可知也。"行者道："悟净说得有
理。"那长老策马加鞭至山门前，见"雷音寺"三个大字，

慌得滚下马来，倒在地下，口里骂道："泼猢狲！害杀我也！现是雷音寺，还哄我哩！"行者陪笑道："师父莫恼，你再看看。山门上乃四个字，你怎么只念出三个来，倒还怪我？"长老战兢兢的爬起来再看，真个是四个字，乃"小雷音寺"。三藏道："就是小雷音寺，必定也有个佛祖在内。经上言三千诸佛，想是不在一方。似观音在南海，普贤在峨眉，文殊在五台。这不知是那一位佛祖的道场。古人云，有佛有经，无方无宝，我们可进去来。"行者道："不可进去，此处少吉多凶，若有祸患，你莫怪我。"三藏道："就是无佛，也必有个佛象。我弟子心愿遇佛拜佛，如何怪你。"

即命八戒取袈裟，换僧帽，结束了衣冠，举步前进。只听得山门里有人叫道："唐僧，你自东土来拜见我佛，怎么还这等怠慢？"三藏闻言即便下拜，八戒也磕头，沙僧也跪倒，惟大圣牵马收拾行李在后。

方入到二层门内，就见如来大殿。殿门外宝台之下，摆列着五百罗汉、三千揭谛、四金刚、八菩萨、比丘尼、优婆塞、无数的圣僧、道者，真个也香花艳丽，瑞气缤纷。慌得那长老与八戒沙僧一步一拜，拜上灵台之间，行者公然不拜。又闻得莲台座上厉声高叫道："那孙悟空，见如来怎么不拜？"不知行者又仔细观看，见得是假，遂丢了马匹行囊，掣棒在手喝道："你这伙孽畜，十分胆大！怎么假倚佛名，败坏如来清德！不要走！"双手轮棒，上前便打。只听得半空中叮当一声，撇下一副金铙，把行者连头带足，合在金铙之内。慌得个猪八戒、沙和尚连忙使起钯杖，就被些阿罗揭谛、圣僧道者一拥近前围绕。他两个措手不及，尽被拿了，将三藏捉住，一齐都绳缠索绑，紧缚牢栓。

......

唐和尚、猪八戒、沙和尚三人都没去过灵山，更不识得如来以及如来大殿的模样，所以他们战战兢兢的一步一拜地给假佛祖殷勤磕头。走了千山万水，历了千难万险，唐和尚无比想取得真经，猪八戒、沙和尚一心想早渡劫难，故此三个人恨不得此处是真灵山、殿上是真佛祖，这也难怪他们。孙行者却不一样，灵山他走过几遭，佛祖还是老相识，再添上一双火眼金睛，他识破了黄眉怪的把戏，抢起金箍棒便要发作。

关于殿上佛祖的真假，唐和尚等三人认为是真，孙行者一人认为是假，这在逻辑学上构成了一对原命题和负命题。原命题即"殿上坐着的是佛祖"，负命题即"殿上坐着的并非是佛祖"。

6. 狮王、象王二怪俱有主——关系命题

如来道："自那混沌分时，天开于子，地辟于丑，人生于寅，天地再交合，万物尽皆生。万物有走兽飞禽。走

兽以麒麟为之长，飞禽以凤凰为之长。那凤凰又得交合之气，育生孔雀、大鹏。孔雀出世之时最恶，能吃人，四十五里路把人一口吸之。我在雪山顶上，修成丈六金身，早被他也把我吸下肚去。我欲从他便门而出，恐污真身。是我剖开他脊背，跨上灵山。欲伤他命，当被诸佛劝解，伤孔雀如伤我母，故此留他在灵山会上，封他做佛母孔雀大明王菩萨。大鹏与他是一母所生，故此有些亲处。"行者闻言笑道："如来，若这般比论，你还是妖精的外甥哩。"如来道："那怪须是我去，方可收得。"行者叩头，启上如来："千万望玉趾一降！"

　　如来即下莲台，同诸佛众，径出山门。又见阿傩、迦叶引文殊、普贤来见。二菩萨对佛礼拜，如来道："菩萨之兽，下山多少时了？"文殊道："七日了。"如来道："山中方七日，世上几千年。不知在那厢伤了多少生灵，快随我收他去。"二菩萨相随左右，同众飞空。

　　……

　　大圣筋斗一纵，跳上半空，三个精即驾云来赶。行者将身一闪，藏在佛爷爷金光影里，全然不见。只见那过去、未来、见在的三尊佛像与五百阿罗汉、三千揭谛神，布散左右，把那三个妖王围住，水泄不通。老魔慌了手脚，叫道："兄弟，不好了！那猴子真是个地里鬼！那里请得个主人公来也！"三魔道："大哥休得悚惧。我们一齐上前，使枪刀搠倒如来，夺他那雷音宝刹！"这魔头不识起倒，真个举刀上前乱砍，却被文殊、普贤，念动真言，喝道："这孽畜还不皈正，更待怎生！"唬得老怪、二怪，不敢撑持，丢了兵器，打个滚，现了本相。二菩萨将莲台抛在那怪的脊背上，飞身跨坐，二怪遂泯耳皈依。

二菩萨既收了青狮、白象，只有那第三个妖魔不伏。腾开翅，丢了方天戟，扶摇直上，轮利爪要刁捉猴头。……现了本相，乃是一个大鹏金翅雕。即开口对佛应声叫道："如来，你怎么使大法力困住我也？"如来道："你在此处多生孽障，跟我去，有进益之功。"妖精道："你那里持斋把素，极贫极苦；我这里吃人肉，受用无穷；你若饿坏了我，你有罪愆。"如来道："我管四大部洲，无数众生瞻仰，凡做好事，我教他先祭汝口。"那大鹏欲脱难脱，要走怎走？是以没奈何，只得皈依。

占住狮驼山、狮驼洞以及狮驼城的狮王、象王、大鹏金翅雕三个妖魔十分厉害，孙行者奈何他们不得，唐和尚也几次三番被他们捉了去。心灰意冷之际，孙行者找到了如来，从如来口中他才得知，原来狮王、象王、大鹏金翅雕皆大有来头，狮王是五台山文殊菩萨的坐骑，象王是峨眉山普贤菩萨的坐骑，而大鹏金翅雕则是西天如来的"舅舅"。

在逻辑学上，"狮王是五台山文殊菩萨的坐骑""象王是峨眉山普贤菩萨的坐骑""大鹏金翅雕是西天如来的'舅舅'"分别是三个关系命题。

第 5 章

有趣的演绎推理

我们之前介绍"概念"和"命题"的知识，一方面是为了认识、掌握它们，另一方面是为学习"推理"打下基础。

概念	概念的重要性不言而喻，如果概念的内涵与外延不明确，那么在它基础上建立起来的命题和推理便不合理、不科学。

命题	命题是一些用陈述句描述的事件，事件描述符合事实便是真命题，事件描述不符合事实便是假命题，能否正确地判断命题的真假，对于推理的正确与否有着重要的影响。

一般来说，推理的目的是得出"结论"，而推理的根据是一些"前提"，推理便是由这些前提和结论构成，需要明确的是这些前提和结论在形式上都是陈述句。

逻辑学上，按照推理方法的不同，推理被分为演绎推理、归纳推理以及类比推理。

演绎推理的推理方法和关键在于"演绎"二字，在逻辑学上，演绎指的是从一般性的原理推出特殊结论的一种方法。演绎推理即以一般性的原理或前提为依据，通过演绎的方法，得出特殊情况下的结论。因为从一般性的原理推出特殊结论是科学的方法，所以演绎推理也是科学的方法，它的科学性并不以内容的不同发生任何变化，所以说，在运用演绎推理进行思考时，人的思维可以保持理性。

　　根据单一的前提能否直接推出结论，演绎推理被分为直接推理以及三段论、假言推理、选言推理、关系推理等两种类型，而后一种类型的推理同时从属于间接推理。直接推理能够根据单一的前提，推出结论，其他的演绎推理如三段论、假言推理、选言推理、关系推理则需要两种或两种以上的前提才能推出结论。

一、直接推理

　　直接推理是演绎推理的一种特殊形式，即仅以一个命题作为单一前提，直接推出另一个命题也就是结论的推理形式。如由真命题"某校 1 班学生都会弹钢琴"可直接推出"某校 1 班有些学生不会弹钢琴"是假命题这个结论。

　　这个正确的结论是依据什么直接推理出来的呢？

　　这就要提到之前在"判断与命题"中所学的直言（性质）命题的对当关系了。"某校 1 班学生都会弹钢琴"是一个全称肯定命题，全称肯定命题与其对应的特称否定命题即"某校 1 班有些学生不会弹钢琴"必然一真一假，前者是真命题，后者必是假命题。

直接推理的特点

一是前提的单一性，即推理的前提只有一个；

二是结论的确定性，即结论的真假早已由前提确定；

三是推理的直接性，即前提应用对当关系等依据可直接推出结论。

直接推理一般包括对当关系推理、性质命题变形推理、负命题关系推理等。

1. 对当关系直接推理

直接推理中最常见的推理便是对当关系推理，顾名思义，该推理的依据便是直言命题的对当关系，这类推理又分为矛盾关系直接推理、差等关系直接推理、上反对关系直接推理、下反对关系直接推理。

（1）矛盾关系直接推理——互为矛盾关系的两个直言命题，即全称肯定命题（SAP）与特称否定命题（SOP）、全称否定命题（SEP）与特称肯定命题（SIP），不能同真同假，必须一真一假，因此，矛盾关系直接推理的前提与结论之间也必须遵循这一真一假的规律。

举例：根据前提"有的佞臣是大书法家"，可推出结论是"所有的佞臣都不是大书法家"。前提"有的佞臣是大书法家"为真命题，结论"所有的佞臣都不是大书法家"是假命题。

需要注意的是，当结论是假命题时，此结论是不能成立的，但此"不能成立"的情况同样是我们推理的一个收获，变换思路，在这些假命题、不能成立的结论前加一个否定词"并非"，那么该结论就是能够成立并且正确的了，既然该结论是假命题，那么该推理便可以写作："有的佞臣是大书法家"→并非"所有的佞臣都不是大书法家"。由于矛盾关系推理必然一真一假，那么该推理也可以写作：并非"所有的佞臣都不是大书法家"→"有的佞臣是大书法家"。

综上所述，此类推理的形式可写作：SIP↔¬SEP。

矛盾关系推理的有效形式有以下 8 个：

①

举例：所有的公职人员都应当奉公守法。⟷并非有的公职人员不应当奉公守法。

②

举例：有的产品质量不合格。⟷并非所有的产品质量都合格。

③

举例：所有的非洲国家都不是发达国家。⟷并非有的非洲国家是发达国家。

④

举例：有的行人过马路时遵守红绿灯。⟷并非所有的行人过马路时都不遵守红绿灯。

⑤

⑥

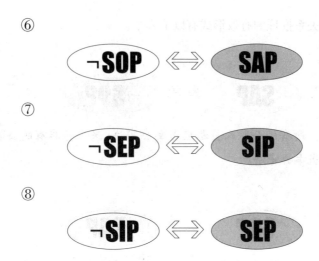

⑦

⑧

后4个有效形式皆由前4个有效形式转换而来，故此不再举例。

（2）差等关系直接推理。互为差等关系的两个直言命题，即全称肯定命题（SAP）与特称肯定命题（SIP）、全称否定命题（SEP）与特称否定命题（SOP）。当全称命题为真时，特称命题为真；当全称命题为假时，特称命题真假不定；当特称命题为真时，全称命题真假不定；当特称命题为假时，全称命题为假。所以，差等关系直接推理的前提与结论之间也必须遵循以上的规律。

举例：① 前提"省第一中学高三年级的学生全都考上了大学"→结论"省第一中学高三年级的部分学生考上了大学"。该例子中，若前提为真，那么结论便为真；若前提为假，那么结论的真假便不能确定。② 前提"在我国，有的植物在春天开花"→结论"在我国，所有的植物在春天开花"。该例子中，据常识可知，前提为真，而结论为假（真假不定的假）。③ 前提"有的沙漠中会下雨"，→结论"所有的沙漠中都会下雨"。该例子中，据科学知识可知，前提为真，而结论为真（真假不定的真）。④ 前提"K 企业生产的部分电缆不合格"→结论"K 企业生产的所有电缆都不合格"。该例子中，若前提为假，那么结论便为假。

根据以上所知的"全称命题真，特称命题为真；特称命题假，全称命题为假"可推出，差等关系推理的有效形式有以下 4 个：

①

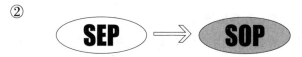

举例：某班所有的学生都参加了义务植树活动。（真）→某班部分同学参加了义务植树活动。（真）

②

SEP ⟹ SOP

举例：某公司所有的员工都不是党员。（真）→某公司有的员工不是党员。（真）

③

¬SIP ⟹ ¬SAP

举例：并非"有的试题答案是错的。（假）"→并非"所有的试题答案都是错的。（假）"

④

举例：并非"某地区有的企业不是民营企业。（假）"→并非"某地区所有的企业都不是民营企业。（假）"

（3）上反对关系直接推理。互为上反对关系的两个直言命题，即全称肯定命题（SAP）与全称否定命题（SEP），不能同真，但可以同假。一个命题为真时，另一个命题必然假；当一个命题为假时，另一个命题的真假是不确定的。所以，上反对关系直接推理的前提与结论之间也必须遵循以上的规律。

举例：① 前提"科举时代，所有的进士都是货真价实"→结论"科举时代，所有的进士都不是货真价实"。若前提为真，那么结论必为假；若前提为假，那么结论为假（真假不定的假）。② 前提"甲乙二人赛马三回合，甲全部胜出"→结论"甲乙二人赛马三回合，甲全部败北"若前提为真，那么结论必为假；若前提为假，那么结论为真假不定。

根据以上所知的"由真可以推假，由假不能推真"可推出，上反对关系推理的有效形式有以下2个：

①

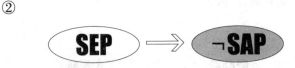

举例：所有的纸币都是货币符号。（真）→并非"所有的纸币都不是货币符号。（假）"

②

举例：我国所有的核电企业都不是民营企业。（真）→并非

"我国所有的核电企业都是民营企业。（假）"

（4）下反对关系直接推理。互为下反对关系的两个直言命题，即特称肯定命题（SIP）与特称否定命题（SOP），可以同真，但不能同假。当一个命题为假时，另一个命题必然为真；当一个命题为真时，另一个命题的真假是不确定的。所以，下反对关系直接推理的前提与结论之间也必须遵循以上的规律。

举例：前提"有的部队突破了敌人的防线"→结论"有的部队没有突破敌人的防线"。若前提假，那么结论必为真；若前提为真，那么结论为真假不定。

根据以上所知的"由假可以推真，由真不可以推假"可推出，下反对关系推理的有效形式有以下 2 个：

①

举例：并非"某专科学校部分教师是国家一级教授。（假）"→某专科学校部分教师不是国家一级教授。（真）

②

举例：并非"二十四史中的某些史书不是正史。（假）"→二十四史中的某些史书是正史。（真）

后周高平之战

954 年，后周太祖郭威去世，其养子柴荣即位。北汉趁后周政权交替，人心不稳，联合契丹（辽国）发兵数十万来攻，企图一举灭亡后周。来敌气势汹汹，自比于唐太宗的柴荣率数万精锐兵马迎战，双方于高平（即今山西高平市）遭遇，经过几番厮杀，北汉、契丹溃退，后周大胜。

短兵相接的战争永远是无比残酷的，一般来说，败是惨败，胜亦是惨胜，后周大胜的过程同样是险象环生。两军的兵马刚刚交战，后周的右军主将樊爱能、何徽二人就带领着数千人马逃窜，右军随之在他们的反向冲击下溃不成军，数千步兵解甲投降北汉，就此还罢了，樊爱能、何徽率军边逃边大肆造谣："契丹大至，官军败绩，余众已降虏矣！"大敌当前，己方却是右军瓦解、谣言四起，战场形势对后周非常不利，数万大军极有可能全面溃退，在这千钧一发的危急时刻，柴荣率领亲军冒着箭矢上前督战，皇帝的英勇无畏激发了将领的血性和斗志，终于，局势在众多将领的冒死力战下倒向后周一方，北汉渐渐支撑不住，最终大败而逃。

战后处置临阵脱逃的樊爱能、何徽二人时，柴荣既想杀掉以正军法，又想予以宽大处理，有些犹豫的他召来了亲信大将张永德，张永德力谏其杀掉樊、何二人，借此为百万之众立军法，于是二人皆被斩首。

张永德力谏柴世宗诛杀樊、何二人的理由十分简单：临阵脱逃的人该杀，临阵脱逃的樊爱能、何徽该杀。

在逻辑学上，张永德的这个理由构成一个**直接推理**，该推理中，单一的前提是：临阵脱逃的人该杀，结论是：临阵脱逃的樊爱能、何徽该杀。

通过学习以直言命题的对当关系为推理依据的直接推理，可以得知故事中张永德力谏柴世宗诛杀樊爱能、何徽二人的理由"临阵脱逃的人该杀，临阵脱逃的樊爱能、何徽该杀"构成的是一个差等关系直接推理。

2. 性质命题变形推理

通过改变作为前提的性质（直言）命题的形式来得出结论的推理方法。

$$改变性质命题的形式的方法 \begin{cases} 换质法 \\ 换位法 \\ 换质换位法 \end{cases}$$

（1）换质法

换质法的规则：

一是在结论中改变作为前提的性质命题的质，即改变联项（是或不是），也就是将肯定判断改为否定判断，或者将否定判断改为肯定判断；

二是将结论中的性质命题的谓项改为前提中的性质命题的谓项的矛盾概念。如：前提"所有的大熊猫都是哺乳动物"→结论"所有的大熊猫都不是非哺乳动物"。此例中，前提中的"是""哺乳动物"，在结论中变成了"不是""非哺乳动物"。

A、E、I、O 四种性质命题均可以用换质法推出结论。

A 命题：前提"所有的大熊猫都是哺乳动物"→结论"所有的大熊猫都不是非哺乳动物"。

逻辑形式

E 命题：前提"所有的生命都不是长生不死的"→结论"所有的生命都是犹有尽时的"。

逻辑形式

I 命题：前提"有的梁山好汉曾经是官府吏员"→结论"有的梁山好汉曾经不是非官府吏员"。

逻辑形式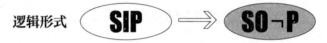

O 命题：前提"某些国家不是发达国家"→结论"某些国家是非发达国家"。

逻辑形式

性质命题通过换质法得到的结论与原命题的判断无二，其意义不在于推出新的结论，而在于以新的角度、句式来审视、说明原命题，运用此方法能在许多场合收到语言含蓄、委婉的效果。

（2）换位法

换位法的规则：

第一是在结论中交换作为前提的性质命题的主项和谓项。

第二是在结论中不能更改作为前提的性质命题的质，即肯定判断依然为肯定判断，否定判断依然为否定判断。

第三是作为前提的性质命题中的不周延的项，在结论中依然保持不周延。全称肯定命题的主项皆是周延的，否定命题的谓项皆是周延的。（周延即表示主项或谓项所表达的一类事物已经囊括了全部，如"所有的学生都会说普通话"这一全称肯定性质命题中，主项"所有的学生"即是周延的）如：前提"所有的美国共和党党员都是美国人"→结论"有的美国人是美国共和党党员"。此例中，前提中的主项"所有的共和党党员"、谓项"美国人"变成了结论中的谓项"美国共和党党员"、主项"有的美国人"，而联项"是"在前后没有变化。需要注意的是：前提中的主项"所有的美国共和党党员"是周延的，在结论中变成了不周延的谓项"美国共和党党员"，而前提中不周延的谓项"美国人"在结论中依然是不周延的，即主项"有的美国人"。

A、E、I 三种性质命题均可以用换位法推出结论，O 命题则不能。

A 命题：前提"所有的清朝皇帝都是满族人"→结论"有的满族人是清朝皇帝"。

逻辑形式

E 命题：前提"所有的车票都不是有价证券"→结论"所有的有价证券都不是车票"。

逻辑形式

此例中需要注意的是：前提中谓项的"有价证券"是周延的，所以在结论中周延的主项"所有的有价证券"是正确的。

I 命题：前提"有的亚洲裔美国人是华裔美国人"→结论"有的华裔美国人是亚裔美国人"。

逻辑形式

为什么 O 命题不能用换位法推出结论呢？这是因为 O 命题在进行换位时得出的结论逻辑不通，且必将违背换位法的第三个法则"作为前提的性质命题中的不周延的项，在结论中依然保持不周延。"如前提"有的猫不是波斯猫"→结论"所有的波斯猫都不是猫"。这样的结论是在修正结论"所有的波斯猫都不是有的猫"后得出的，修正前的结论严格遵循以上的换位法法则，然而该结论句式与逻辑均错误。修正后的结论虽然在句式上是正确的，然而其不仅违背了换位法法则，而且在逻辑上也是错误的。

换位法的意义同样不在于推出新的结论，而在于以新的角度更深刻地揭示需要说明的对象，如不带量词的谓项，使人们在认识、表达相关事物时更加准确。

（3）换质换位法

换质换位法是对换质法、换位法的综合运用，一般是先改变前提性质命题的质，再交换该命题的主项和谓项。

换质换位法需要遵守的规则是：进行换质时，遵守换质法的规则；进行换位时，遵守换位法的规则。如："20 世纪所有的诺贝尔经济学奖获得者都不是中国人"换质可得到"20 世纪所有的诺贝尔经济学奖获得者都是非中国人"接着换位可得到"有的非中国人是 20 世纪诺贝尔经济学奖获得者"。

应用换质换位法需要注意三点：

一是换质换位法没有换质在先、换位在后的必然要求，要灵活应用，不要拘泥于质、位的先后；

二是因为不会改变结论的性质，所以换质换位法可以连续进行，以满足不同的要求，但结论一旦出现 O 命题，则不能再进行换位（换位法的要求）；

三是必须假设全称命题主项 S、谓项 P 的存在，只有这样，推理结论才能够成立。

A、E、O 三种性质命题均可以用换位法推出结论，I 命题则不能。

A 命题：前提"所有的纸质书都是印刷品"换质→"所有的纸质书都不是非印刷品"换位→"所有的非印刷品都不是纸质书"换质→"所有的非印刷品都是非纸质书"换位→"有的非纸质书是非印刷品"换质→"有的非纸质书不是印刷品（结论）"。根据以上可知，在结论变成不能换位的 O 命题之前，A 命题最多可以进行三次换质以及两次换位。

逻辑形式

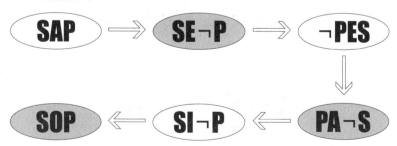

E 命题：前提"所有的矿石资源都不是可再生资源"换质

→"所有的矿石资源都是非可再生资源"换位→"有的非可再生资源是矿石资源"换质→"有的非可再生资源不是非矿石资源（结论）"。根据以上可知，在结论变成不能换位的 O 命题之前，E命题最多可以进行两次换质以及一次换位。

逻辑形式

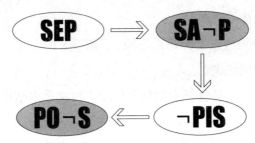

O 命题：前提"有的美国人不属于中高收入阶层"→换质"有的美国人属于非中高收入者"换位→"有的非中高收入者属于美国人"换质→"有的非中高收入者不属于非美国人（结论）"。根据以上可知，在结论变成不能换位的 O 命题之前，O 命题最多可以进行两次换质以及一次换位。

逻辑形式

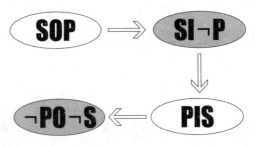

I 命题为什么不能应用换质换位法来推出结论呢？这是因为 I

命题换质后便得到一个 O 命题，而 O 命题不能进行换位，所以 I 命题也就无法完成换质换位。

3.　负命题关系推理

根据性质命题负命题的性质以及联言命题负命题、选言命题负命题、假言命题负命题等复合命题负命题的性质进行直接推理。

（1）性质命题负命题关系推理

A、E、I、O 四种性质命题的负命题均可以凭借其该关系推出结论。

A 命题的负命题：并非"所有的河流都是自西向东流淌"，该命题即等同于"有的河流不是自西向东流淌"。

E 命题的负命题：并非"所有的花草树木都不具有生命"，该命题即等同于"有的花草树木具有生命"。

I 命题的负命题：并非"某校有的学生认识全部汉字"，该命题即等同于"某校所有的学生都不认识全部汉字"。

O 命题的负命题：并非"有的高中老师没有教师资格证"，该命题即等同于"所有的高中老师都具有教师资格证"。

（2）联言命题负命题关系推理

联言命题负命题：并非"某人既是主持人又是作家"，该命题即等同于"某人不是主持人或者不是作家"。

逻辑形式　$\neg(p \wedge q) \implies \neg p \vee \neg q$

（3）选言命题负命题关系推理

相容选言命题负命题："某人大受欢迎，并非多才多艺或者德行优良"，该命题即等同于"某人大受欢迎，既不是因为多才多艺，也不是因为德行优良"。

逻辑形式　$\neg(p \vee q) \implies \neg p \wedge \neg q$

不相容选言命题负命题：并非"某国要么是发达国家，要么是发展中国家"，该命题即等同于"某国是发达国家也是发展中国家或者某国不是发达国家也不是发展中国家"。

逻辑形式

（4）假言命题负命题关系推理

充分条件假言命题负命题：并非"如果开卷读书，那么就会获益"，该命题即等同于"如果开卷读书，也不会获益"。

逻辑形式

必要条件假言命题负命题：并非"只有读书才能做官"，该命题即等同于"即便不读书，也能够做官"。

逻辑形式

充分必要条件假言命题负命题：并非"多边形中当且仅当三边形的内角和是 180°"，该命题即等同于"多边形中，三边形的内角和不是 180°"或"多边形中，三边形之外的其他多边形内角和都是 180°"。

逻辑形式

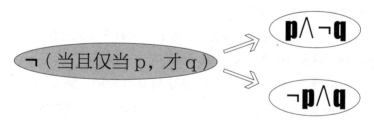

4. 附性法推理

附性法推理是直接推理的一种，附性法，顾名思义即将某一概念同时附加在性质命题主项、谓项的之前或之后，并以此种形式形成了一个新的推理，得到了一个新的结论。如在"高中生是学生"这一前提的主项"高中生"、谓项"学生"之前加上一个附加概念"优秀的"，那么该前提就得到了一个结论，即"优秀的高中生是优秀的学生"。

据以上例子可知，前提"高中生是学生"是一个全称肯定命题，结论"优秀的高中生是优秀的学生"同样也是一个全称肯定命题。附加概念在附着之后，对结论中新命题的主项、谓项形成了限制。

据此可知，附性法推理的特点有三：一是添加附加概念前后，命题的质不变，肯定仍为肯定，否定也仍为否定；二是添加附加概念前后，命题的性质不变，全称肯定命题依然为全称肯定命题；三是命题的主项、谓项在前提、结论中一致，在结论中也同时受到了附着概念的限制。

例1：前提"大豆是植物"→结论"大豆油是植物油"。这一例子中的附加概念是"油"。

例2：前提"孙是姓氏"→结论"老孙是老姓氏"。这一例子中的附加概念是"老"。

例3：前提"蚊子是动物"→结论"大蚊子是大动物"。这一例子中的附加概念是"大"。

很明显，例1当中的结论是正确且合理的，例2、例3中的结论都是错误且荒谬的。例2、例3中犯了什么错误呢？例2中所加在主项"孙"之前的"老"，与加在谓项"姓氏"之前的"老"字同意不同，实际上偷换了概念。例3中，附加概念"大"没有问题，但主项与谓项之间的对应关系却发生了变化。在前提中主项"蚊子"从属于谓项"动物"，是一种从属关系，结论中主项"大蚊子"并不从属于谓项"大动物"，因为所有的蚊子都是昆虫纲动物，所以大蚊子无论如何也是小型动物。

据以上可知，进行附性法推理时需要遵循两个规则，一是主项、谓项之前或之后所添加的附加概念一定要在形式及内涵上保持一致，防止偷换概念的错误发生，导致结论出现驴唇不对马嘴的错误；二是要确保增加附加概念之后，前提与结论中的主项、谓项之间对应关系的一致性，防止发生关系混乱的错误，导致结论出现似是而非的错误。

二、三段论

1. 初识三段论

什么是三段论？

顾名思义，三段论由三部分组成，即大前提、小前提、结论，且这三个部分都是直言（性质）命题。

大前提：一个一般性的真理、常识或众所周知的事情等。

如"自中国对德宣战之日起，中德之间的条约、协议已经是无效的"，是一个国际社会周知且承认的声明。

小前提：一个具体的、特殊的直言命题。

如"《中德胶澳租借条约》是中德之间的条约、协议"，它的主项，即"《中德胶澳租借条约》"必须从属于大前提直言命题中的主项，即"中德之间的条约、协议"。

结论就是证明，即特殊或具体的情况符合一般的真理、常识或众所周知的事情。

如"《中德胶澳租借条约》是无效的"，这一结论的正确性是无可置疑的，日本代表团只能哑口无言。

同时，三段论中有一个起着"桥梁"作用的"中项（M）"。

举例：大前提"所有的大熊猫都是哺乳动物"；小前提"旅美的'美轮、美奂姐妹'是大熊猫"；结论"旅美的'美轮、美奂姐妹'是哺乳动物"。在该例子中，"大熊猫"一词就是中项，它的作用是连接大前提与小前提。

除中项之外，三段论中还有"大项（P）"和"小项（S）"。

大项：同时出现在大前提与结论中的词项，如例子中的"哺乳动物"。

小项：同时出现在小前提与结论中的词项，如例子中的"旅美的'美轮、美奂姐妹'"。

2. 三段论推理的要求

一般来说，大前提、小前提正确，结论便成立，三段论便正确。具体来说，三段论的正确需要遵守以下几个要求。

（1）在三段论中，有且只有一组中项、大项、小项。

尤其要注意的是一种因概念的混淆，导致词项的数量表面上不变，实际上却增多的情况。

例：八路军是中国共产党领导的抗日部队；丁一民是八路军；所以，丁一民是中国共产党领导的抗日部队。

这个三段论的结论显然是错误的，个人怎么能是部队呢？结论有错误，大前提和小前提中一定出了问题，仔细分析可以发现，中项"八路军"在实际上成了两个词项，在大前提中表示一种集合概念，在小前提中表示一种非集合概念。

（2）三段论中，中项至少周延（即该名词囊括了其所有外延）一次。

　　假使中项不周延，不能囊括全部外延，那么中项在联系大前提、小前提乃至大项、小项时就会出现"分裂"。

　　例：足球比赛是奥运会正式比赛；中超的比赛是足球比赛；所以，中超的比赛是奥运会正式比赛。

　　这个三段论的结论显然也是错误的，一场中国国内的足球联赛比赛怎么能是奥运会的正式比赛呢？错误便在于中项"足球比赛"一次周延都没有，"足球比赛"的外延包括营利非营利、正式非正式等各种各样的足球比赛，例子中大前提中的"足球比赛"外延是奥运会中的足球比赛，小前提中的"足球比赛"外延是职业足球比赛，这两个外延都从属于一切的足球比赛这个外延，大小前提中，中项外延的不同便是因中项不周延而出现的"分裂"，这种分裂导致了结论的谬误。

　　（3）三段论中，大项或小项在前提中不周延，那么在结论中也不得周延，否则会发生错误。

　　例：二十四史是正史，《清史稿》不是二十四史，所以，《清史稿》不是正史。

　　这个三段论的结论显然是错误的，《清史稿》是官方和世人公认的清朝正史。前提中大项"正史"没有周延，没有包含所有的正史，但在结论中大项"正史"却周延了，在无形中包含了所有的正史，而这就导致了谬误的发生。全称肯定命题（SAP）的谓项是不周延的，而特称否定命题（SOP）的谓项是周延的。

　　（4）三段论中，大前提、小前提均为否定的命题时，推导不出正确的结论。

　　如果大前提、小前提均为否定命题，那么中项便起不到连接大小前提的作用，也起不到连接大小项的作用。

例：南岳衡山不是五岳之首；东岳泰山不是南岳衡山；所以，东岳泰山不是五岳之首。

这个三段论的结论显然也是错误的，东岳泰山自中华大地有"五岳"称谓以来便是五岳之首。在该例中，中项"南岳衡山"并不能起到连接大小前提的作用，大项"五岳之首"与小项"东岳泰山"之间并没有因中项"南岳衡山"而发生任何联系。大小前提之间丧失了应有的关系，大小项失去联系，结论也就不能被推导出来了。

（5）三段论中，大前提或小前提是一个否定命题，那么结论必然是一个否定命题。

假使大前提或小前提是一个否定命题，那么中项的外延与否定命题中词项的外延相矛盾，与另外的肯定命题中词项的外延相融洽。中项有着桥梁般的传递作用，它与一个词项的外延相矛盾，与另一个词项的外延相融洽，那么这两个词项的外延就会相矛盾，即大项、小项的外延相矛盾，由此三段论推导出的结论将是一个否定的命题。

例：美国是当今世界上最强大的国家；印度不是美国；所以，印度不是当今世界上最强大的国家。

该例中，大前提是一个肯定命题，小前提是一个否定命题，结论也是一个否定命题。其中，大项是"当今世界上最强大的国家"，中项是"美国"，小项是"印度"，大项的外延与中项的外延完全一致，小项的外延与中项的外延互相矛盾，大项与小项的外延也互相矛盾，因此该三段论得出了一个否定的结论：印度不是当今世界最强大的国家。

（6）三段论中，大小前提都是特称命题，则必然推不出结论

例：《水浒传》是一部元末明初时期的章回体小说；施耐庵最著名的作品是《水浒传》；所以，施耐庵最著名的作品是一部元末明初时期的章回体小说。

在此例中，看似结论是正确的，但在实际上，结论是推不出的。众所周知的是，《水浒传》一书版本繁多，其中常见的就有七十回本、百回本、一百二十回本等，仔细分析一下大前提中的中项"《水浒传》"的外延是指元末明初诸多版本的《水浒传》，而小前提中的中项"《水浒传》"的外延是指施耐庵所创作的原本的《水浒传》，这两个中项的外延是不一样的，因而中项《水浒传》在此起不到桥梁的作用，所以大项"一部元末明初时期的章回体小说"与小项"施耐庵最著名的作品"就联系不起来，结论也因此推导不出来。

大前提是一个特称命题，小前提也是一个特称命题，中项"《水浒传》"一词两次都没有周延，都没有包含《水浒传》一词的全部外延，这违反了（2）的要求，导致了大小项无法联系的错误。这个例子是特称命题中的 II 情况，即两个前提都是特称肯定命题，此外还有 OO、IO、OI 三种情况。

OO 即两个前提都是特称否定命题，这就会违反（4）的要求。

例：《怨歌行》不是李清照的诗篇；《夏日绝句》不是《怨歌行》；所以，《夏日绝句》不是李清照的诗篇。

很显然这个结论是错误的，《夏日绝句》是李清照著名的诗篇。

此例中的中项《怨歌行》与大项"李清照的诗篇"、小项《夏日绝句》均产生了排斥,自然而然也没有起到联系大小项的桥梁作用。

IO 即大前提是特称肯定命题,小前提是特称否定命题,这就会违反(3)的要求。

例:李先生是 A 银行的职员;王先生不是李先生;所以,王先生不是 A 银行的职员。

此结论显然也是错误的,因为 A 银行除了李先生之外,还有很多的职员,他们都可能是"王先生"。此例前提中的大项"A 银行的职员"是不周延的,而结论中的大项"A 银行的职员"却成了周延的,这是该类型命题错误之所在。

OI 即大前提是特称否定命题,小前提是特称肯定命题,这就会违反(2)或(3)的要求。

例 1:有的风景观赏树不是银杏树;有的银杏树是千年古树;所以,有的千年古树不是风景观赏树。

此结论显然是推不出来的。大前提中的大项"风景观赏树"是不周延的,而结论中的大项"风景观赏树"却是周延的,这显然违反了"大项或小项在前提中不周延,那么在结论中也不得周延"的要求。

例 2:有的人造地球卫星不是气象卫星;有的人造地球卫星是通信卫星;所以,有的通信卫星不是气象卫星。

此结论显然也是推不出来的。大前提、小前提中的中项"人造地球卫星"一次也没有周延,这样中项起不到桥梁作用,无法推出结论。

3.　顾维钧雄辩巴黎

1919 年 1 月 18 日，巴黎和会召开，中国作为战胜国派出代表团参加，其中包括 31 岁的全权代表驻美公使顾维钧。

中国代表团的任务之一便是收回曾被德国占领的胶州湾以及胶济铁路，收回这一地区的阻力不在于战败国德国，而在于狼子野心的日本。1897 年，船坚炮利的德国人强占了胶州湾，并胁迫清政府签订了租借条约，租期长达 99 年。随后德国殖民者修筑了胶州湾到济南的铁路，使得德国侵略势力渗入山东腹地。

1914 年一战爆发后，趁德国无暇东顾，垂涎胶州湾已久的日本借对德宣战之由，迅速出兵占领了胶州湾，控制了胶济铁路。

在当时，相对于日本，中国是弱国，从来弱国无外交，何况是在巴黎和会这样一个分赃的大会上，而且中国只处于末等国家（从强到弱，与会国被分为上下有别的三等），在中国代表团尚未发言以及要求收回胶州湾及胶济铁路之前，日本抢先下手与英、法、意三国达成了协议——德国原在胶州湾及胶济铁路的权益由日本全部继承。日本这一先手令中国代表团十分被动，但他们没慌乱，更没有退却，尤其是顾维钧，在此后唇枪舌剑的会议上，他的据理力争显示出了他那捍卫国家权益与民族利益的决心。

会议开始后，日本代表团无耻地声称自己从德国继承了胶州湾以及胶济铁路的全部权益，中方应遵守《中德胶澳租借条约》（以下简称条约）中胶州湾租期为99年的协议，并声称日本是战胜国，有权处置德国在山东的遗留问题。面对日本代表团的无耻与蛮横，顾维钧针锋相对，同样以该条约为由，他指出：自中国对德宣战之日起，中德之间的条约、协议已经是无效的；《中德胶澳租借条约》是中德之间的条约、协议；《中德胶澳租借条约》是无效的。他同时指出假使该条约仍然有效，依据其中内容，中国同样应收回胶州湾：德国向中国所租之地，德国应许永远不转租与别国；日本是中德之外的别国；日本无权继承德国在山东之权益。

顾维钧的雄辩令嚣张的日方代表哑口无言，也令与会的支持中国（美国意在扼制日本在亚洲的扩张）的美国总统伍德罗·威尔逊欢喜异常，他第一个走过来向顾维钧表示祝贺，随后与会的英国首相劳合·乔治也向顾维钧表示祝贺，中国在山东问题上取得了初步的成果。

在以顾维钧为代表的中国代表团的努力之下，山东问题被搁置，胶州湾以及胶济铁路没有如日本之愿被其堂而皇之地吞下，这为1922年华盛顿会议上中国收回胶州湾以及胶济铁路奠定了基础。

顾维钧用来抨击日方的理由一："自中国对德宣战之日起，中德之间的条约、协议已经是无效的；《中德胶澳租借条约》是中德之间的条约、协议；所以，《中德胶澳租借条约》是无效的。"在逻辑学上来讲，这个理由构成了**三段论**。

4.　三段论的格与式

（1）三段论的格

三段论的格即三段论的形式结构，这也就是说"格"是对于三段论的形式结构而言的。通过之前的学习可知，三段论中有三个非常重要的词项：中项、大项、小项，其中尤以起着桥梁作用的中项最为重要。在三段论的形式结构中，通过影响大项、小项的位置，中项所处的不同位置影响了三段论的不同形式结构。需要注意的是，三段论的格仅仅局限于大前提与小前提中，因为结论的形式结构永远是小项是或不是（属于或不属于）大项。以下介绍三段论的四个形式结构。

① 第一格：

中项（M）在大前提中是主项（S），在小前提中是谓项（P）。

公式：M——S；M——P。

规则——1.大前提必须是全称命题；2.小前提必须是肯定命题。

假若这一格的三段论违背了此规则，那么它便会违反三段论推理的要求，那么此三段论便不成立。

例：**所有的股票都是有价证券；商业汇票不是股票；所以，商业汇票不是有价证券。**

这一推理结论显然是错误的，商业汇票是有价证券的一种。

此例中，小前提是否定命题，违背了规则，导致结论中的大项"有价证券"变成了周延的，这样就违反了三段论推理中"大项或小项在前提中不周延，那么在结论中也不得周延"的要求。

②第二格：

中项（M）在大、小前提中均是主项（S）。

公式：M——S；M——S。

规则——1.小前提必须是肯定命题；2.结论必须是特称命题。

例：挪用公款罪是经济犯罪；挪用公款罪是故意犯罪；所以，有的故意犯罪是经济犯罪。

毫无疑问，该结论是正确的。

此例中，小前提是肯定命题，结论是特称命题。

③第三格：

中项（M）在大前提中是谓项（P），在小前提中是主项（S）。

公式：M——P；M——S。

规则——1.若前提中存在否定命题，则大前提为全称命题；

2.若大前提是肯定命题，则小前提为全称命题；

3.若小前提是肯定命题，则结论为特称命题。

例：有些限制人身自由的行为是非法行为；所有的非法行为都要追究法律责任；所以，有些要追究法律责任的是限制人身自由的行为。

这个例子中的大、小前提以及结论中均符合规则，结论当然也是正确的。

此种类型的三段论不多见，应用也不多，了解即可。

④第四格：

中项（M）在大、小前提中均是谓项（P）。

公式：M——P；M——P。

规则——1.大前提必须是全称命题；

2.前提中必须有一个否定命题。

假若这一格的三段论违背了此规则，那么它便会违反三段论推理的要求，那么此三段论便不成立。

例：所有的职业赛车手都具有高超的驾驶技能；刘先生具有高超的驾驶技能；所以，刘先生是职业赛车手。

这个结论显然是错误的，并非具有高超驾驶技能的人员都是职业赛车手。

此例中，大、小前提均是肯定命题，违反了"前提中必须有一个否定命题"的规则，导致中项"高超的驾驶技能"在大、小前提中均不周延，违背了"三段论中，中项至少周延一次"的要求。

（2）三段论的式

在三段论的四种格之下，每一格之中的三段论形式也因充当大前提、小前提、结论的性质命题的不同而不同，这些具体的三段论形式被称为三段论的式。三段论的式一般用充当大前提、小前提、结论的四种性质命题的代表英文字母 AEIO 来表示，如 EAO 式，即表示三段论的大前提是 E 命题，小前提是 A 命题，结论是 O 命题。

以 AEIO 四种性质命题来任意组成三段论的式，可得 256 个可能式。256 个可能式中仅存在 19 个正确的有效式，分属四种三段论的格。

第一格：AAA 式、AII 式、EAE 式、EIO 式。

第二格：AAI 式、AII 式、EAO 式、EIO 式、IAI 式、OAO 式。

第三格：AAI 式、AEE 式、EAO 式、EIO 式、IAI 式。

第四格：AEE 式、EAE 式、EIO 式、AOO 式。

通过以上可知，一个三段论的格之下可以有不同的式，如以上四个格之下皆有多种式；一个三段论的式也可以存在于不同的格中，如 AII 式、EAE 式等。所以，仅仅通过一个格或一个式难以确定一个三段论的逻辑形式，只有同时确定一个三段论的格与式，才能完全确定三段论的逻辑形式。

5. 三段论的省略式

在日常生活的言谈中，人们经常以一种较为简略的形式即省略三段论的某一部分来表述三段论，具体表现为在言谈中省略大前提，省略小前提或者省略结论，这就是三段论的省略式。需要注意的是，此省略式仅仅只在语言或内容上省略了三段论的某一部分，在内在的逻辑上，三段论的这一部分并没有被省略掉；其次需要注意不要将省略式与之前所介绍的三段论的式相混淆。

（1）省略了大前提

例 1：木星是太阳系的八大行星之一；所以，木星围着太阳公转。

此例子中的大前提被省略了，写出来便是"太阳系的八大行星都围绕着太阳公转"。

例 2：小轿车是机动车；所以，小轿车不得侵占非机动车道。

此例子中的大前提也被省略了，写出来便是"机动车不得侵占非机动车道"。

经过以上两个例子可知，此类省略式中省略的大前提都是一些客观真理或一些众所周知的常识、规定。

（2）省略了小前提

例 1：所有的证券公司都受证监会的监督管理；所以，招商证券受证监会的监督管理。

此例子中的小前提被省略了，写出来便是"招商证券是证券公司"。

例 2：所有的联合国成员国都应当缴纳联合国会费；所以，美国应当缴纳联合国会费。

此例子中的小前提也被省略了，写出来便是"美国是联合国成员国"。

经过以上两个例子可知，此类省略式中省略的大前提都是一些毋庸赘述的事实。

（3）省略了结论

例 1：成则为王，败则为寇；李自成、张献忠失败了。

此例子中的结论被省略了，写出来便是"所以，李自成、张献忠被称作寇"。李自成、张献忠败于清王朝之手，清王朝便将李自成诬为"闯贼"，将张献忠诬为"献贼"。

例 2：新事物具有强大的生命力；人工智能是新事物。

此例子中的结论被省略了，写出来便是"人工智能具有强大的生命力"。

由以上两个例子可知，此类省略式中省略的结论都是显而易见的，说出结论虽然也可以，但不说出结论却能收到含蓄、言有尽而意无穷的效果。

6. 复合三段论

复合三段论——前一个三段论的结论成了后一个三段论的前提，因而形成了一个至少由连续两个三段论组成的复合三段论。

（1）前进式复合三段论

如果前一个三段论的结论成了后一个三段论的大前提，那么这个复合三段论就是前进式三段论。举例："我国实行九年义务教育制度，垣曲县是我国县级行政区，所以，垣曲县实行九年义务教育制度；垣曲县实行九年义务教育制度，历山镇是垣曲县下辖的镇级行政区，所以，历山镇实行九年义务教育制度。"在此前进式复合三段论中，前一个三段论中的结论"垣曲县实行九年义务教育"成了后一个三段论中的大前提。

前进式复合三段论的逻辑结构：C是D，B是C，所以B是D；B是D，A是B，所以A是D。

（2）后退式复合三段论

如果前一个三段论的结论成了后一个三段论的小前提，那么这个复合三段论就是后退式三段论。举例："大熊猫是胎生动物，所有的胎生动物都是哺乳动物，所以大熊猫是哺乳动物；所有的哺乳动物都是恒温动物，大熊猫是哺乳动物，所以大熊猫是恒温动物。"在此后退式复合三段论中，前一个三段论中的结论"大熊猫是哺乳动物"成了后一个三段论的小前提。

后退式复合三段论的逻辑结构：A是B，B是C，所以A是C；C是D，A是C，所以A是D。

三、假言推理——贤相晏子

　　晏子，本名晏婴，春秋后期齐国人。齐灵公二十六年（公元前 556 年），晏婴继承其父的爵位成为齐国上大夫，自此在春秋这一幕历史大剧中粉墨登场。

　　汉代司马迁《管晏列传》中曾有言："夷吾成霸，平仲称贤。""假令晏子而在，余虽为之执鞭，所忻慕焉。"夷吾是谁？是帮助齐桓公成就一代霸业的名相管仲；平仲是谁？便是帮助齐景公维持了国内长期稳定的晏子。司马迁将管仲与晏子二人相提并论，可见，晏婴一生的功绩堪比于管仲；要是有可能，司马迁乐于为晏子执鞭随镫（手持马鞭，任其差遣），可见晏婴有多么大的人格魅力。

　　春秋后期，齐国已不再是齐桓公时期的那个东方霸主，内部权臣震主，外部强国虎视。公元前 548 年（即齐后庄公六年），齐后庄公被权臣崔杼设计杀害，年幼的齐景公继承了王位，此后齐国的动乱持续了几十年。后来，在晏婴等贤臣的努力之下，齐国才渐趋稳定，逐渐恢复了国力。晏婴的功绩主要在于内政与外交，内政方面最具传奇性的莫过于"二桃杀三士"，外交方面最为后世津津乐道的莫过于出使楚国与吴国。

1. 充分条件假言推理

充分条件假言推理是假言推理的一种，公式表达为：

公式一：如果 p，那么 q；p，所以 q。

公式二：如果 p，那么 q；非 q，所以非 p。

其中，p 表示前件，q 表示后件，公式中"如果 p，那么 q"是一个充分条件假言命题，且必须为真。

充分条件假言推理的推理规则有两种：

第一：肯定前件，则肯定后件（即公式一）；否定前件，不足以否定后件。第一条规则在以下的例子中可以了解到。

第二：肯定后件，不能肯定前件；否定后件，便要否定前件（即公式二）。

例1：如果公民未满 18 周岁，那么就没有选举权；小赵没有选举权，所以小赵未满 18 周岁。

这个例子中的结论显然是错误的，没有选举权也可能存在别的原因，这个例子中的推理显然不符"肯定后件，不能肯定前件"的规则。

例2：如果中国代表队没有夺冠，那么就是其他国家或地区代表队夺冠了；其他国家或地区代表队没有夺冠，所以中国队夺冠了。

这个例子中的结论是正确的，推理过程遵循了"否定后件，便要否定前件"的规则。

二桃杀三士

　　晏子入见公曰："今君之蓄勇力之士也，上无君臣之义，下无长率（表率）之伦，内不以禁暴，外不可威敌，此危国之器也，不若去（除掉）之。"

　　公曰："三子者，搏之恐不得，刺之恐不中也。"

　　晏子曰："此皆力攻勋（强）敌之人也，无长幼之礼。"因请公使人少（一会儿）馈之二桃，曰："三子何不计功而食桃？"

　　在长期观察之下，晏婴对嚣张跋扈的勇士公孙接、田开疆、古冶子三人越来越不放心，此三人依恃功绩和勇力，在朝堂之上公然不把任何大臣放在眼里，私下里结党营私，势力有坐大之趋势。晏婴恐怕将来此三人犯上作乱，便向齐景公谏言除掉他们，齐景公也深感此三人成了肘腋之患，便接受了晏婴的建议，将二桃赠给三士，让他们"计功而食桃"。

　　公孙接仰天而叹曰："晏子，智人也！夫使公之计吾功者，不受（接受）桃，是无勇也，士众而桃寡，何不计功而食桃矣。接一（初次）搏猏（大野猪）而再搏乳（幼）虎，若接之功，可以食桃而无与人同矣。"援（拿）桃而起。

　　田开疆曰："吾仗兵而却三军者再，若开疆之功，亦可以食桃，而无与人同矣。"援桃而起。

古冶子曰："吾尝从君济于河，鼋（大鳖）衔（咬住）左骖（驾车的马），……潜行逆流百步，顺流九里，得鼋而杀之……若冶之功，亦可以食桃而无与人同矣。二子何不反桃！"抽剑而起。

公孙接、田开疆曰："吾勇不子若（如），功不子逮（及），取桃不让，是贪也；然而不死，无勇也。"皆反（返）其桃，挈领（割断脖颈）而死。

古冶子曰："二子死之，冶独生之，不仁；耻人以言，而夸其声，不义；恨乎所行，不死，无勇……"亦反其桃，挈领而死。

而后，公孙接等三人在一番争抢以及一番推让之后，接连挈领而死。晏婴不动刀枪剑戟，不费一兵一卒，仅以微不足道的两个桃子就消灭了可能生出大祸乱的公孙接等三人，其才智不能不令人佩服。

公孙接决定"计功食桃"前，曾说："不受桃，是无勇也。"公孙接与田开疆在死前皆说："然而不死，无勇也。"古冶子死前也说："不死，无勇。"在逻辑学上，这三句话都构成了三个充分条件假言命题，即"如果我三人不接受这两个桃子，那么就是没有勇气""如果我二人不死，那么就是没有勇气""如果我古冶子不死，那么就是没有勇气"。

三人皆为"勇"而死，他们有勇气吗？三个人先接受了桃子，又相继自戕，站在三人的立场，他们是有勇气的。可事实上他们真的有勇气吗？恐怕大多数人不会认同。根据三人的立场可构成如下推理："如果三人不死，就是没有勇气；三人死了，所以三人有勇气"。在逻辑学上，这个推理是充分条件假言推理，根据充分条件假言命题而形成，按推理规则，"三个人有勇气"这个结论不正确、不能成立。

在充分条件假言推理中，否定前件（即"如果三人不死"），并不能否定后件（即"就是没有勇气"）。举例："如果春季不播种，那么秋季就没有收获；春季播种了，所以秋季就有收获。"事实上春季播种了，秋季不一定就有收获，因为许多自然或人为的灾害是不可知以及不可控的，因此便可以明白，他们三人有没有勇气依然要待定。

2. 必要条件假言推理

必要条件假言推理是假言推理的第二种，公式表达为：

公式一：只有 p，才 q；非 p，所以非 q。

公式二：只有 p，才 q；q，所以 p。

其中，p 表示前件，q 表示后件，公式中"只有 p，才 q"是一个必要条件假言命题，且必须为真。

必要条件假言推理的推理规则有两种：

第一：肯定前件，不足以肯定后件；否定前件，则否定后件（即公式一）。

第二：肯定后件，则肯定前件（即公式二）；否定后件，不足以否定前件。

例 1：只有参加比赛，才能获得名次；某运动员没有参加比赛，所以他没有获得名次。

例 1 与下文故事中"夫差不是天子"的推理规则相同，即

"只有 p，才 q；非 p，所以非 q"。

例 2：只有君王励精图治，国家才能繁荣昌盛；某君王励精图治了，所以国家会繁荣昌盛。

这个结论显然是错的，在逻辑推理上，该结论不符合"肯定前件，不足以肯定后件"的规则。在事理上，君王励精图治，不一定能够实现国家繁荣昌盛，明末崇祯皇帝不可谓不勤政，不可谓不努力，绝对称得上是一位励精图治的君王，可明朝积重难返，大厦将倾，任何人都无力回天，崇祯帝十几年辛苦经营最后却落得国灭身死。

例 3：只有合格产品，才被允许出售；某公司的新产品被允许出售，所以某公司的新产品是合格产品。

例 3 的结论是正确的，新品被允许出售，则新品一定是合格产品，该推理的过程符合"只有 p，才 q；q，所以 p"。

例 4：只有是贫困人口，才能参加'低保'；某寡居老人没有参加低保，所以该寡居老人不是贫困人口。

这个结论显然是错的，在逻辑推理上，该结论不符合"否定后件，不足以否定前件"的规则。在现实中，存在部分需要参加低保的贫困人口没有参加低保的现象，而造成这种现象的原因也是多方面的。

晏子使吴

晏婴奉齐景公命令出使吴国。

吴王对主管接待的官员说："我听说过晏婴，他是北地中善于言辞，通晓礼仪制度的人。"吴王又命令接待的官员道："会见宾客（晏婴），要宣称'天子请见'。"

第二日，接待晏婴的官员对他说："天子请见。"晏婴立刻表现出不安的样子。官员重复道："天子请见。"晏婴还是那副样子。官员又说了一遍，晏婴依旧局促不安，他说道："我奉齐王之名，将要出使吴王所在的国家，没想到稀里糊涂地进到了周天子的朝堂。请问吴王在哪里？"吴王听后改口道："夫差请见。"并以合于诸侯身份的礼仪接待了晏婴。

春秋时期，礼崩乐坏，周天子只是名义上的天下共主，实际上，其势力范围仅仅是在都城洛邑周边，真实地位不过一个小国的诸侯而已。天下的诸侯国也不再对周天子马首是瞻，齐桓公'尊王攘夷'还是在维护周天子的威权，楚庄王'问鼎中原'就是狂妄地想要取代周朝而自立。夫差统治前期，吴国实力强劲，夫差便也想效仿楚庄王称霸乃至代周自立，所以他才会狂妄地自称天子。

晏婴坚决不承认吴王是天子，只承认洛邑的周王是天子，这在事实上构成了一个必要条件假言命题："只有洛邑的周王，才能称为天子。"在这个假言命题的基础上能够产生一个必要条件假言推理："只有洛邑的周王，才能称之为天子；夫差不是洛邑的周王，所以不能称之为天子。"这个推理是正确的，在推理规则上符合必要条件假言推理中"否定前件，就要否定后件"的要求。

3. 充分必要条件假言推理

充分必要条件假言推理是假言推理的第三种，是建立在充分必要条件假言命题的基础上的假言推理。公式表达为：

公式一（肯定前件式）：p 当且仅当 q；p，所以 q。

例：三角形等边，当且仅当三角形等角；三角形等边，所以三角形等角。

公式二（肯定后件式）：p 当且仅当 q；q，所以 p。

例：三角形等边，当且仅当三角形等角；三角形等角，所以三角形等边。

公式三（否定前件式）：p 当且仅当 q；非 p，所以非 q。

例：三角形等边，当且仅当三角形等角；三角形不等边，所以三角形不等角。

公式四（否定后件式）：p 当且仅当 q；非 q，所以非 p。

例：三角形等边，当且仅当三角形等角；三角形不等角，所以三角形不等边。

由以上的公式、例子可以了解到充分必要条件假言推理的两个规则。第一：肯定前件，则肯定后件；肯定后件，则肯定前件。第二：否定前件，则否定后件；否定后件，则否定前件。

晏子避祸

齐景公三年，以子尾与子雅为代表的齐国公族（国君的同族）开始把持齐国朝政，而齐国大族田氏（其后人取代姜氏建立田氏齐国）不甘受制于齐国公族，但当时齐国公族势力庞大，而且子尾与子雅均为出色的政治家，因此田氏虽有不满却不敢轻举妄动，双方尚能共同维持齐国国内的稳定与秩序。吴国贤人季札（吴国公子，曾三让吴王王位）游历到了齐国。在拜访故交晏婴时，季札劝晏婴归还封邑、辞掉要职，否则在不久后爆发的争夺执政权的内乱中，将很难避免身死人手，于是晏婴听从了季札的建议，暂别了齐国的权力中枢。

齐景公十四年，子尾去世（此时子雅早已离世）。田氏开始蠢蠢欲动。两年后，田氏联合鲍氏（鲍叔牙之后）发动政变，执政的栾施（子雅之子）与高强（子尾之子）战败逃亡鲁国，田氏崛起为齐国仅次于王族的大族。晏婴早早地远离了权力中枢（政治漩涡），因而幸免于难。

季札不愧是个贤人，见微知著，睹始知终，早早地预见了齐国的一场内乱。晏婴无疑是睿智的，该退时便退，并不贪恋封地和权力，因而保住了性命。

....

季札让晏婴意识到"如果想免于祸难，就必须去封地、辞要职；只有去封地、辞要职，才能免于祸难"。

在逻辑学上，以上的"如果……，就……；只有……，才……"构成了一个——**充分必要条件假言命题**。

公式：p 当且仅当 q。

故此，以上内容可表达为：晏婴想免于祸难，当且仅当去封地、辞要职。

这个假言命题的基础上能够产生出 4 个假言推理：

① "晏婴想免于祸难，当且仅当去封地、辞要职；晏婴免于祸难，所以他去了封地、辞了要职。"

② "晏婴想免于祸难，当且仅当去封地、辞要职；晏婴去了封地、辞了要职，所以他最终免于祸难。"

③ "晏婴想免于祸难，当且仅当去封地、辞要职；晏婴未免于祸难，所以他未去封地、未辞要职。"

④ "晏婴想免于祸难，当且仅当去封地、辞要职；晏婴未去封地、未辞要职，所以晏婴将难免于祸难。"

这 4 个假言推理都是正确的，它们全都根据充分必要条件假言推理的两个规则得出。

四、选言推理——美国职业篮球联赛总冠军的归属

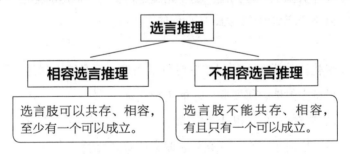

1. 不相容选言推理

公式一：要么 p，要么 q；p（q），所以非 q（p）。

公式二：要么 p，要么 q；非 p（q），所以 q（p）。

该推理中，"要么 p，要么 q"这一选言命题必须正确。

不相容选言推理的推导规则：

第一：肯定一部分选言肢，则必须否定另一部分选言肢（即

146

公式一）。

例：马岛战争，要么英国获胜，要么阿根廷获胜；英国获胜了，所以阿根廷落败。

马岛战争是 1982 年英国与阿根廷就马尔维纳斯群岛的主权归属展开的一场局部战争，最终英国胜利，阿根廷战败。

第二：否定一部分选言肢，则必须肯定另一部分选言肢（即公式二）。

例："017 年温网男单决赛，要么马林·西里奇获胜，要么罗杰·费德勒获胜；马林·西里奇最终落败，所以罗杰·费德勒获胜。

温网是英国温布尔登网球锦标赛的简称，罗杰·费德勒于 2017 年获得了该项赛事的男子冠军。

2017 年美国职业篮联赛总冠军花落谁家？

2017 年 6 月，金州勇士队与克利夫兰骑士队为 2017 年美国职业篮球联赛总冠军的归属展开了激烈的角逐。金州勇士队经过了近半个月的鏖战，在七场四胜制的系列赛中以大比分 4∶1 战胜了克利夫兰骑士队，获得了 2017 年美国职业篮球联赛总冠军。

2017 年的总冠军花落谁家？在总决赛开始前，这是一个二选一的问题，即不是勇士队就是骑士队。在逻辑上，"不是勇士队，就是骑士队"构成了一个不相容的选言命题，即总冠军有且只能归属一支球队。根据该不相容选言命题的逻辑性质，能够得出一个对应的不相容选言推理，即"要么勇士队获得总冠军，要么骑士队获得总冠军；勇士队获得了总冠军，所以骑士队没有获得总冠军。"

2. 相容选言推理

公式：p 或者 q；非 p（q），所以 q（p）。

该推理中，"p 或者 q" 这一选言命题必须正确，p、q 作为构成选言命题的一部分，被称为选言肢。

相容选言推理的推导规则：

第一：否定一部分选言肢，则必须肯定另一部分选言肢（即选言推理的公式）。

例：某个国家是亚投行的成员国或者欧盟的成员国；该国不是亚投行的成员国，那么该国一定是欧盟的成员国。

以中欧国家斯洛文尼亚来说，已知该国是亚投行或欧盟成员国之一，经查证该国不是亚投行成员国，所以可以知道该国一定是欧盟成员国。

第二：肯定一部分选言肢，则不能否定另一部分选言肢（可真可假，不存在必然性，没有公式）。

例：某人拥有英国国籍或美国国籍；此人拥有英国国籍，所以此人不拥有美国国籍。

这个结论显然是错误的，在逻辑上来说，该推理不符合规则二的"肯定一部分选言肢，则不能否定另一部分选言肢"要求。在事理上，因为英国、美国都支持双重国籍，所以此人可能同时拥有英国与美国双重国籍。

克利夫兰骑士队缘何落败？

在 5 场鏖战之后，金州勇士队获得了 2017 年美国职业篮球联赛总冠军，然而"克利夫兰骑士队缘何落败？"

以下列出媒体以及球迷们的几个观点：

① 勇士队实力远超于骑士队，所以骑士队输球很正常。

② 勇士队奉行团队篮球，1+1 > 2；骑士队依赖巨星篮球，1+1 ≤ 2，然而骑士队巨星却又不及勇士队多。

③ 勇士队有强力替补阵容，骑士队替补阵容屡弱，主力阵容不得不上场较多时间，这导致关键时刻主力球员的体力下降，导致球队屡屡在关键时刻败下阵来。

④ 双方主教练之间存在差距，勇士队主教练史蒂夫·科尔战略战术技高一筹、临场调度及时有效；骑士队主教练泰伦·卢水平有限，临场调度更是频频犯错。

以上四个观点，它们可能同时都是真的，也可能有几个是真的，也有可能仅有一个是真的。现在假设观点④是错误的，而观点①、②、③都是正确的且互相关联的，在逻辑上，"骑士队落败的原因可能是①或②或③或④；④不是落败的原因，所以①、②、③是落败的原因"构成了一个相容的选言推理，而①、②、③则共同构成了相容的选言肢。

五、联言推理——和氏璧

和氏璧

和氏璧是中国历史上最具传奇色彩的美玉，春秋时期，楚人卞和在楚国境内的楚山（具体位置有争议）中发现了它，自此，这块美玉的传奇故事就开始了。

《韩非子》中有对卞和向楚王献宝的大致记述：

楚人卞和在楚山中发现了一块玉石，他恭敬地将之献给了楚厉王。厉王让宫廷内的玉匠来鉴定。玉匠说："这是块石头。"厉王大怒，认为卞和欺骗了他，因而砍掉了卞和的左脚。

数年之后，厉王去世，武王继位。卞和再一次恭敬地捧着这块玉石献给武王。武王仍然让宫廷内的玉匠来鉴定。工匠再一次说道："这是块石头。"武王也认为卞和欺骗了自己，于是砍掉了他的右脚。

后来，楚文王登基，风烛残年的卞和抱着那块玉石在楚山之下痛哭，一连哭了三天三夜，最后眼泪流干了，眼睛渗出了鲜血。文王听说后，派人询问卞和痛哭的原因。来人问道："天下被砍掉双脚的人有很多，您为什么哭得这样悲伤呢？"卞和说道："我悲伤并不是因为失去了双脚，而是因为美玉被当成了石头，忠诚正直的人被当作了骗子。"文王听后便让玉匠雕琢这块玉石，想不到竟然得到了稀世珍宝，因此楚文王为美玉命名为"和氏之璧"。

卞和献宝真是苦难重重，令人欣慰的是美玉终于见了天日，而卞和也洗刷了自己的冤屈。

和氏璧在中国几乎家喻户晓，但这在很大程度上却不是因为卞和献宝的故事，而是因为战国时期一则更为传奇的故事——完璧归赵。

1. 合成式联言推理

表达式：p，q 所以 p 并且 q。

p、q 作为联言命题的一部分，被称为联言肢。

只有当联言肢皆为真，作为推理基础的联言命题也为真命题时，合成式联言推理的结论才为真；当联言肢有假，作为推理基础的联言命题也为假命题时，合成式联言推理的结论必为假。

例：斯蒂芬·茨威格是一个犹太人，斯蒂芬·茨威格是一个奥地利的作家；所以，斯蒂芬·茨威格是一个奥地利的犹太人作家。

....

蔺相如完璧归赵

战国时期，赵惠文王得到了和氏璧。秦昭王听说后，派使者给赵王送信，表示自己愿意用 15 座城池来交换和氏璧。赵王拿不定主意，便问大臣们："秦王要用 15 座城池来换和氏璧，怎么办？"大臣蔺相如答道："秦国强而赵国弱，不能不答应秦王。"赵王又问："他拿走和氏璧，却不给我城池，怎么办？"蔺相如答道："秦国用城池来索取和氏璧而赵国不答应，理亏的是赵国。赵国给了和氏璧而秦国不给赵国城池，理亏的是秦国。权衡这两个事情，宁可先答应秦国，让秦国理亏。臣愿意捧着和氏璧出使。如果赵国得到城池，那么和氏璧就留在秦国；否则，臣必然将和氏璧完好无缺地带回赵国。"赵王于是就派遣蔺相如出使秦国。

秦王在章台宫接见了蔺相如，蔺相如捧着和氏璧进献给了秦王。秦王大喜，将和氏璧传给嫔妃以及近侍们看，宫殿内的人都山呼万岁。蔺相如看出秦王不会用城池来换和氏璧，于是向前说道："这和氏璧上有斑点，请让我指给您看。"秦王便把和氏璧交给了他，蔺相如趁机紧握着和氏璧往后退了几步，他倚靠着柱子怒不可遏地对秦王说道："大王您想得到和氏璧，便派人送了书信给赵王，赵王召集众臣商议，大家都认为秦国贪婪，依恃国家强大，用不能兑现的空话来索取和氏璧。可是，我认为平民之间的交往尚且不会互相欺骗，何况是大国呢！并且要是由于和氏璧的缘故，使得强大的秦国不高兴，也是不应该的。于是赵王就斋戒了5天，然后派我捧着和氏璧，在秦国朝堂上恭敬地拜送国书。这是为什么呢？是因为我们赵国尊敬大国的威严。如今我来到贵国，大王却在普通的宫殿接见我，礼节极其傲慢；拿到了和氏璧，将它传给嫔妃看，以此来要弄我。我看出大王无意将城池抵偿给赵国，所以便拿回了和氏璧。大王假如要逼迫我，我的头今天就同和氏璧一起撞碎在柱子上了！"蔺相如双手握着和氏璧，斜眼看着柱子，将要向柱子上撞去。秦王担心蔺相如撞碎和氏璧，于是再三地请求蔺相如不要如此，然后召来分管的官吏查看地图，指明从某地起的15座城池都给赵国。蔺相如揣度秦王不过是在欺骗罢了，假装要给赵国城池，实际上根本不会给，于是对秦王说："和氏璧，是天下人所公认的宝贝，赵王畏惧秦国，不敢不献出来。赵王恭送和氏璧时，曾斋戒了 5 日，如今大王也应该斋戒 5 日，并在朝堂上安排最隆重的欢迎礼节，我才敢呈上和氏璧。"秦王无奈，只好答应斋戒 5 日。

蔺相如认为秦王虽然会斋戒，但必定会背弃约定，于是就派随从带着和氏璧，从小路逃回了赵国……

赵惠文王虽然畏惧秦国，可他也不愿吃亏，和氏璧也罢，秦国的 15 座城池也罢，他也不挑，但他得要一样，在逻辑学上，赵惠文王想让事情变成一个不相容选言命题，即"要么和氏璧归还赵国，要么 15 座城池归属赵国"。他更期待着一个不相容选言推理的诞生，即"要么和氏璧归还赵国，要么 15 座城池归属赵国；15 座城池没有归属赵国，所以和氏璧归还了赵国"。但秦昭襄王却不这么想，依恃着秦国强大的国力，和氏璧他势必要得到，许诺给赵国的 15 座城池他绝对不会给，在逻辑学上，秦昭襄王只想把这个事情变成一个**联言命题**，即"秦国得到了和氏璧，秦国没有付出 15 座城池"。他期待的是一个**合成式联言推理**的诞生，即"秦国得到了和氏璧，秦国没有付出 15 座城池；秦国不仅得到了和氏璧而且秦国没有付出 15 座城池"。

然而在蔺相如的努力下，秦昭襄王的诡计没有得逞，他所期待的联言命题以及合成式联言推理也没能成立。

王莽篡汉

和氏璧虽然暂时回到了赵国，但最终还是在秦国一统天下的过程中被秦王收入了囊中。

相传秦王朝建立后，秦王嬴政命人将和氏璧雕琢成了一方御玺，从此之后，这方御玺就被认为是封建统治者受命于天的一个信物，被称为传国玺。

公元前207年，秦王子婴将传国玺献给了刘邦。公元前202年西汉正式建立，自汉高祖刘邦至汉平帝刘衎，共历经14位皇帝。

公元9年，外戚王莽代汉自立，建立新朝，史称"王莽篡汉"。而后，王莽向王太后索要传国玺以示自己是名正言顺，天命所归的皇帝。

王莽自立为皇帝，但觉得名不正、言不顺，故此他索要汉朝的传国玺。在逻辑学上，这同样是形成了一个**合成式联言推理**，即"王莽自立为皇帝，王莽索要汉朝的传国玺；所以，王莽不仅要当皇帝而且要索取汉朝的传国玺"。

2. 分解式联言推理

表达式：p 并且 q；所以 p，q。

p、q作为联言命题的一部分，被称为联言肢。

当分解式联言命题为真时，联言肢必为真，作为推理基础的联言命题也必为真命题；当分解式联言命题为假时，则联言肢必有假，作为推理基础的联言命题也必为假。

例：周郎妙计安天下，赔了夫人又折兵；所以，周瑜白白地送了刘备一位夫人，周瑜派出的追兵又大败而归。

和氏璧的失踪

相传和氏璧所制的传国玺历经新莽、东汉、曹魏、两晋、南朝宋齐梁陈、隋朝、唐朝、后梁等不断更迭的朝代后，最后一次在历史上出现是在后唐。

923 年，后唐庄宗李存勖攻陷后梁都城开封，灭亡后梁，传国玉玺始入后唐。在此后的 11 年间，后唐经历了庄宗李存勖、明宗李嗣源、闵帝李从厚以及末帝李从珂 4 位皇帝。

935 年，石敬瑭反，以割让燕云十六州为交换条件，获得了契丹（大辽）的支持。随即辽太宗耶律德光亲率 5 万大军与石敬瑭共同击败了后唐军队，并趁势挥兵南下。李从珂见大势已去便携带着传国玺与皇后、太子一道登上玄武楼自焚殉国。自此，后唐灭亡，传国玺也下落不明。

在此故事中，后唐的灭亡与传国玺的失踪是同时发生的，并且这两件事情都是历史事实。在逻辑学上，这形成了一个**分解式的联言推理**，即"后唐与传国玺一同在历史上消失了；所以，后唐在历史上消失了，传国玺也在历史上消失了。"

六、关系推理——巫蛊之祸与汉宣帝刘询

关系推理根据关系命题的逻辑性质进行推导，具体又可细分为对称关系推理、反对称性关系推理、传递关系推理以及反传递关系推理四种。

1. 对称关系推理与反对称关系推理

对称关系推理基于对称关系命题，命题中的关系项构成对称关系。

公式：aＲb→bＲa。

其中 a、b 是具有某一共同关系的关系项，Ｒ是这一共同关系，当 aＲb 为真时，推理结论 bＲa 也必为真。

例：胡适与赵元任是同学；所以，赵元任与胡适是同学。

反对称性关系推理基于反对称关系命题，命题中的关系项构成反对称关系。

公式：aＲb→b¬Ｒa。

当关系项 a、b 具有某一反对称关系Ｒ时，aＲb 为真时，则推理结论 bＲa 必为假；反之当 aＲb 为假时，则推理结论 bＲa 必为真。

例：珠穆朗玛峰高于乔戈里峰，所以，乔戈里峰不高于珠穆朗玛峰。

巫蛊之祸

西汉征和初年，年近 70 的汉武帝刘彻渴望长生不老，他一心迷信丹药以及"神仙"。当时，一个被武帝称为"燕赵奇男子"的近侍江充受到了武帝的宠信。江充为人跋扈，为了帮助其他皇子争储，他屡次在武帝面前污蔑构陷太子刘据，因此与太子以及皇后卫子夫之间产生了仇隙。江充害怕武帝逝世后，即位的刘据将会杀了他，所以一直想办法扳倒太子刘据。

　　盛夏时节，武帝为避暑离开了长安。恰在此时，朝廷中发生了巫蛊之事（利用巫术、毒虫诅咒伤害他人），武帝本就厌恶此类事件，而此时他又患了些小病，因此他令江充严查此事。江充对武帝说未央宫中隐隐有巫蛊之气，所以武帝的小病一直好不了。武帝随即让他搜查未央宫，江充便趁机挟私诬陷太子，他堂而皇之地搜查到了太子宫，并且得偿所愿挖到了行巫术时用的桐木小人偶。此事令太子惶恐万分，他立刻找来太傅石德商量对策。石德劝太子假传圣旨，将江充等人抓起来投入监狱，严加审讯查清楚他们的阴谋计划。

　　最终，太子斩了江充，并将其手下的胡人巫师烧死。武帝盛怒不已，严令四处搜捕太子。壶关三老之一的令狐茂冒死上书武帝，揭露了江充的真实面目，申诉了太子的冤屈。武帝至此才知道江充原来是一个奸佞小人，而太子只是为了自保才起兵诛杀江充，并没有任何造反的意图。令狐茂又建议武帝赶紧撤回搜捕太子的官军，然而武帝还未下令，隐匿在湖县的太子却暴露了行踪，并且在与湖县的官军的交战中落败。太子自知无法脱身，于是就悬梁自尽了，跟随着太子的两个皇孙也一并身亡……

　　巫蛊之祸的本质是汉武帝朝中诸多势力对皇位的争夺，江充以汉武帝宠臣的身份参与了皇位争夺，并站到了太子刘据的对立面。为了帮助其他皇子，江充屡次在汉武帝处诬陷刘据，也因此刘据和江充之间产生了仇隙。

　　在逻辑学上，太子刘据和江充的"仇人"关系构成了一个对称关系命题，即刘据（江充）是江充（刘据）的仇人，公式表达为：a

（刘据）R（仇人）b（江充），关系项 a、b 之间构成对称关系。

关系推理根据关系命题的逻辑性质进行推导，根据上述太子刘据与江充的关系命题，我们可以得出一个对称关系推理："刘据（江充）是江充（刘据）的仇人；所以，江充（刘据）是刘据（江充）的仇人。"江充深知自己是刘据的仇人，他非常害怕刘据即位后会杀了他，所以他借巫蛊之事来杀刘据；刘据也深知江充是自己的仇人，所以江充用巫蛊之事来迫害他时，他会奋力一搏击杀江充。

太子刘据败给了湖县的官军，可简略写作刘据败给了官军。在逻辑学上，刘据与官军之间的"败给了"这一反对称关系构成了一个反对称命题，即刘据败给了官军，公式表达为：a（刘据）R（败给了）b（官军），关系项 a、b 之间构成反对称关系。关系推理根据关系命题的逻辑性质进行推导，根据上述刘据与官军的关系命题，我们可以得出一个对称关系推理："刘据败给了官军；所以，官军战胜了刘据。"

2. 传递关系推理与反传递关系推理

传递关系推理基于传递关系命题，命题中的关系项构成传递关系。

表达式：a R b ∧ b R c → a R c。

例：杨恽是司马英之后，司马英是司马迁之后，所以杨恽是司马迁之后。

司马迁的《史记》一书因为涉及了西汉王朝的许多"家丑"，因此在司马迁生前，《史记》一书并没有流传开来。汉宣帝时，司马迁的外孙杨恽才将其母司马英授予的《史记》在私下里散播开来，从杨恽开始，司马迁的《史记》才逐渐为后人所知晓。

反传递关系推理基于反传递关系命题，命题中的关系项构成反传递关系。

表达式：a R b ∧ b R c → a ¬R c。

例：洛邑在镐京以东，丰京在镐京以西，所以洛邑不在丰京以西。

西周末年，周平王从都城镐京东迁至都城洛邑（今洛阳），之所以没有迁到周文王时期的都城丰京，为的是避开西部边境强大的西戎。

汉宣帝刘询

巫蛊之祸中，太子刘据、准太子妃史氏以及刘据的三子一女都先后死亡，但不幸中的万幸是刘据有一个孙子刘病己存活了下来。

公元前 74 年，年仅 21 岁的汉昭帝刘弗陵（汉武帝之子）病逝。昌邑王刘贺（汉武帝之孙）被霍光迎立为皇帝，但没过多久就因荒淫无度被废除。在随后的皇帝遴选中，邴吉建言霍光选择皇曾孙刘病己，于是刘病己就在霍光的支持下继承了皇位，这便是后来的汉宣帝刘询。汉宣帝是西汉最有作为的皇帝，后世认为，西汉国力在他的统治时期最为强盛。

故事中，刘病己之所以能被列为皇帝继承人，并当上皇帝，

"汉武帝曾孙"这个身份是先决条件。

在逻辑学上，汉武帝刘彻、太子刘据、太子刘据之孙刘病已，构成了一个传递关系推理，即：

"刘彻的后代是刘据，刘据的后代是刘病已，所以刘彻的后代是刘病已。"

公式表达为：

a	R	b
（刘彻）	（后代）	（刘据）为真；

b	R	c
（刘据）	（后代）	（刘病已）为真；

a	R	c
（刘彻）	（后代）	（刘病已）为真。

关系项 a、b、c 之间构成传递关系。

七、演绎推理故事

1. 二虎守长安中的三段论

1926 年 4 月，在北洋军阀张作霖、吴佩孚的授意下，河南地方军阀刘镇华率领 10 万名镇嵩军扑向国民革命军将领李虎臣守卫的孤城西安，此时的西安守军不过区区 5000 人。

10 万大军来攻，对于李虎臣来说无异于泰山压顶，面对人数如此众多的强盗之师，投降已是不可能，守城或逃跑成为李虎臣当下的选择。

就在此千钧一发之际，李虎臣想到了近在三原的国民革命军杨虎城部，杨虎城是陕西靖国军的常胜将领，所率之部也是常胜之军。李虎臣力邀杨虎城来援，并在通信时对杨虎城说道："你来我就守，你不来我就走。"杨虎城在召开军事会议后，决定同李虎臣一道守卫西安城，于是一场历史上有名的"二虎守长安"拉开了序幕。

4 月 17 日围城之初，刘镇华自以为西安守军在 10 万大军压境下不堪一击，于是他只包围并进攻西安城的东、北、南三面，唯独留了西面等着西安守军出逃，但是他低估了杨虎城、李虎臣的抵抗决心，镇嵩军足足围了近 1 个月，城内守军根本没有出逃的迹象，于是在 5 月 15 日，刘镇华的 10 万大军对西安城进行了合围，企图断绝西安城内的粮食。幸运的是，在此前一年西安周边地区粮食大丰收，此时的西安粮食富足，即便被围困，城内的余粮也尚能撑持很长一段时间。

就这样，数月里，这群乌合之众始终没有攻破西安城。但是，他们的围城断粮策略起到了效果，几个月里，城内的粮食由富余逐渐变得紧俏，而在被围困了半年之后的 10 月份，西安城内的粮食已经出现了严重短缺，从将军到士兵都不得不省吃俭用。后来，城内出现了个别士兵擅入民宅抢夺粮食的扰民事件。在此困难重重、危险重重之际，杨虎城（李虎臣已然动摇）召开了营以上的军官会议，在会上杨虎城大义凛然地说道："北洋军阀祸国殃民，是人民的敌人。刘镇华是北洋军阀的走狗，我们抗击刘镇华就是在抗击北洋军阀，这就是对革命军北伐的支持。我们坚守西安也是为西北革命军争人格，我们一定要坚守到底，取得最后的胜利。万一不幸西安被敌攻破，我部官兵必须坚守防地，与城共存亡，与敌巷战打完最后一颗子弹，流尽最后一滴血。我不要大家战死而我独生，我已下定决心，城破之日我就自戕于钟楼底下，以谢大家，以谢人民。"统一了思想、坚定了信心后，杨虎城又针对时下士兵入民宅抢粮食的扰民事件发出了告诫："我们革命是为救国救民，倘不顾老百姓，怎能算得革命？近来各部队各派官佐到老百姓家里征粮，秩序大乱，这样还能坚守西安吗？"从此之后，再也没有军人抢老百姓的粮食了。

抢粮扰民的问题解决了，可缺粮问题仍然没有解决，怎么办？在杨虎城的部署下，城内士绅大户的粮食被逐渐地收缴了上来，这些粮食吃完后，军队的战马，城里的老鼠、麻雀、树皮、草根都成了士兵们的食物，守军们就这样顽强地抵抗着。

随着北伐的胜利推进，杨虎城一直期盼着的外部政治、军事形势终于发生了变化。10 月 20 日，前来救援西安的冯玉祥麾下五虎将之一的孙良诚率部攻克了三原，镇嵩军顿时腹背受敌。11 月 27 日，经过一个多月苦战的孙良诚部击溃了数量几倍于己的镇嵩军，镇嵩军全线溃逃，至此，西安最终得以解围。

镇嵩军围困西安近 8 个月，西安城内有 4 万人或战死或饿死，但几十万老百姓幸免于难，西安围城战以惨烈的损失换回了最终的胜利。

"北洋军阀祸国殃民，是人民的敌人。刘镇华是北洋军阀的走狗，我们抗击刘镇华就是在抗击北洋军阀，这也是对革命军北伐的支持。"

　　杨虎城将军这两句慷慨激昂的话语看似寻常，可重要性却非比寻常，这两句话向广大将士解释了为什么"我们"要守西安，为什么"我们"要不惜一切代价守西安，这是极其重要的思想统战工作。

　　此外，这两句论述"北洋军阀"与"刘镇华"关系的统战话语涉及到了逻辑学中的三段论，即"北洋军阀及其走狗祸国殃民，我们要抗击他们；刘镇华是北洋军阀的走狗，所以，我们要抗击刘镇华。"

2.　阿基米德鉴定纯金王冠的真假

　　"给我一个支点，我就能撬动地球！"这是古希腊著名科学家阿基米德的名言。

　　阿基米德出生于意大利西西里岛东南部的城邦国家——叙拉古的一个贵族家庭。成年后，他来到地中海地区的经济文化中心埃及亚历山大城学习，并逐渐成长为一位博学的学者。回到叙拉古后，阿基米德受到了叙拉古赫农王的青睐，经常出入宫廷，而那个关于阿基米德发现"浮力定律"的有趣传说也是在此时发生的。

　　相传赫农王曾经让国内的一个金器匠人为其铸造了一顶纯金的王冠，不知为何，在王冠铸好之后，赫农王怀疑王冠不是纯金所铸，有一部分黄金被匠人私吞了。但是赫农王并没有什么法子来证明自己的猜想，于是他请博学多才的阿基米德来鉴定王冠是否为纯金所铸。

　　阿基米德让人准备了与王冠同等重量的纯金以及一模一样的两盆水。在赫农王以及众人的注视下，阿基米德将王冠和同等重量的纯金分别放入了两盆水中，在物品慢慢放入的同时，两个盆里的水慢慢地溢了出来，溢出的水被早先准备好的宫女用更大的盆子分别收集了起来。经过对比，放入纯金的盆所溢出的水少，而放入王冠的盆所溢出的水多，据此，阿基米德告知赫农王王冠不是纯金的，一定是被金器匠人做了手脚。

为什么王冠不是纯金的呢？因为实验中，王冠与纯金重量相同，假如王冠是纯金所铸，那么王冠与纯金的体积就相同，放入盆中溢出的水就相同。此时放入王冠的盆溢出的水较多，说明它的体积大而密度小，所以王冠一定是被金器匠人做了手脚。

此判断的依据在逻辑学上可以表述为一个**充分条件假言推理**，即"如果王冠是纯金的，那么将王冠与同等重量的纯金放入盆中时溢出的水相同；将王冠与同等重量的纯金放入盆中溢出的水不同，所以王冠不是纯金的"。

阿基米德之死

公元前 212 年，阿基米德所在的叙拉古被罗马军队攻陷。城破之后，罗马统帅马赛拉斯派了一个士兵去寻找阿基米德并带他来见，这个士兵很快就找到了阿基米德的家。此时的阿基米德正在推算数学几何，骄横的士兵走上来厉声呵斥阿基米德并要带他走，不知是出于亡国之恨的愤怒还是因为一心扑在数学几何上，他断然拒绝了这个士兵的命令，然后这个恼羞成怒的士兵就杀掉了阿基米德。

马赛拉斯得知后立刻处死了这个士兵，并为阿基米德举办
了隆重的葬礼。

我们可以用一个**充分条件假言推理**来描述这个骄横的罗马士兵
的思维过程："如果阿基米德违背罗马士兵的命令，罗马士兵就会杀
死他；阿基米德断然拒绝了罗马士兵的命令，所以罗马士兵就杀死
了他。"

以上关于阿基米德的两个充分条件假言推理，第一个遵循着
"否定后件必然否定前件"推理规则；第二个遵循着"肯定前件
必然肯定后件"的推理规则。

3. 晏子使楚

晏婴奉齐景公命令出使楚国。楚人借口晏婴个子矮，
在正门旁边开了一道小门，并请晏婴从此入城。晏婴不入
城，说道："出使狗国才从狗门入城。如今我出使楚国，
不应当从这个门入城。"于是迎宾的人请晏婴从正门入城。

"出使狗国才从狗门入城。如今我出使楚国，不应当从这个
门入城。"

晏婴的话中暗含着一个假设，即如果我从这个小门入城，
那么楚国便是狗国。在逻辑学上，这构成了**充分条件假言命
题**，在晏婴这个假言命题的基础上，楚国迎宾官员的脑海中会
迅速产生一个假言推理，即"如果晏婴从小门入城，那么楚国
便是狗国；楚国绝对不能是狗国，所以晏婴绝对不能从小门入

城"。经过这个简单推理，楚国迎宾官员就乖乖地请晏婴从正门入城了。楚国迎宾官员的这个推理是正确的，符合"否定后件，便要否定前件"的推理规则。

4. 曹植七步成诗

《世说新语》中曾有这样一则记载："文帝尝令东阿王七步中作诗，不成者行大法；应声便为诗曰：'煮豆持作羹，漉菽以为汁。萁在釜下燃，豆在釜中泣。本自同根生，相煎何太急！'帝深有惭色。"

文帝即魏文帝曹丕，东阿王即曹植（此时的曹植还未封东阿王），行大法即处以死刑。曹植面临着一个极端困难的处境，要么七步成诗，要么被处死。好在才高八斗的曹植不费吹灰之力就作出了这首感人至深的好诗，曹丕也因此感到愧疚，所以放过了曹植。

在逻辑学上，曹植的这个经历构成了一个**不相容的选言推理**，即"曹植要么七步成诗，要么被诛杀；曹植七步作成了诗，所以没有被诛杀"。

后世许多人责备曹丕的无情与冷酷，然而在古代社会的皇权争夺中，像曹丕、曹植之间的斗争已经算是温和的，唐朝初年的玄武门之变，亲兄弟刀兵相向，残忍程度可谓令人发指。

玄武门之变

唐高祖武德九年（626 年）六月初四清晨，长安城太极宫内，披坚执锐的秦王李世民带领尉迟敬德等数十名大将以及数百伏兵在玄武门击杀了太子李建成、齐王李元吉，其中太子李建成被李世民一箭穿喉，齐王李元吉被尉迟敬德射杀。

自李唐王朝建立之时，秦王李世民与太子李建成的皇位之争就开始了。李建成虽然各方面都不如李世民，但他的背后有唐高祖李渊的支持；李世民虽然只是诸王之一，但他的战功卓越，且手下谋士如云、武将如雨，整个唐王朝的军队实际上被他牢牢地掌握着。

玄武门之变前，李建成与李元吉密谋杀死李世民。李世民得到消息后立刻向李渊告发了二人密谋之事，于是李渊召太子、秦王、齐王第二天入太极宫。李渊本意在于调解他们兄弟之间的尖锐矛盾，令他没想到的是，第二天一早李世民就趁机在玄武门设了伏兵诛杀了李建成与李元吉。

李世民为什么要对亲兄弟痛下杀手？原因在于秦王一派与太子一派的矛盾已经不可调解，他们之间的斗争已经到了你死我活的地步，只有胜利者才能活下来，才能登上大唐皇帝的宝座，而失败者也只能死去并被钉在历史的耻辱柱上。

在逻辑学上，秦王一派与太子一派这般你死我活的残酷的斗争构成一个**不相容的选言推理**，即"要么秦王活下来并且胜利，要么太子活下来并且胜利；太子失败并且死掉了，所以秦王活下来并且胜利了"。

5. 既能当将军又能当总统的艾森豪威尔

1944 年 6 月 6 日，近 300 万盟军横渡英吉利海峡，在法国北部的诺曼底登陆。此后，德国陷入了两线作战的泥潭，而指挥此役的艾森豪威尔也被授予了美国陆军五星上将军衔，一般来说，此军衔已经是美国军队中的最高军衔。

1952 年艾森豪威尔在总统竞选中获胜，并于次年 1 月 20 日正式就任美国第 34 任总统。1956 年，艾森豪威尔再次在大选中获 3 胜，连任总统。在后来的数次民意调查中，艾森豪威尔被认为是美国最杰出的十位总统之一。

艾森豪威尔是 20 世纪的杰出人物，在军事领域他获得了美国军队中的最高荣誉——陆军五星上将；在政治领域他担任了美国国家领导人——美国总统。在逻辑学上，艾森豪威尔的这些耀眼履历可以构成一个**联言推理**，即"艾森豪威尔是美国陆军五星上将，艾森豪威尔是美国总统；艾森豪威尔既是美国陆军五星上将又是美国总统"。

6.　明代嘉靖年间的"大礼议"

明正德十六年（1521 年）三月，31 岁的明武宗朱厚照驾崩。由于他没有子嗣，内阁首辅杨廷和便根据明太祖所制《皇明祖训》寻找皇位继承人，并以"兄终弟及"的原则，选择与武宗血缘关系最近的堂弟朱厚熜继承皇位，即嘉靖皇帝（明世宗）。

四月，嘉靖帝下诏让廷臣议论其生父兴献王封号，内阁首辅杨廷和、礼部尚书毛澄等 60 余位大臣联合上奏，称嘉靖帝是从藩王小宗入继皇帝大宗，是继承了皇嗣，因而嘉靖帝应该以明孝宗朱佑樘为皇考（实为伯父），以兴献王朱佑杬为皇叔（实为父亲）。所以大臣们议定兴献王朱佑杬封号改为"皇叔考兴献大王"，而嘉靖帝在祭祀生父兴献王朱佑杬时，应该自称侄皇帝。在奏完以上事项后，众大臣又言辞激烈地称："有异议者即奸邪，当斩。"

嘉靖帝从小生于兴（献）王府，长于兴（献）王府，从未当过一天明孝宗的儿子，于情于理他都不应称孝宗为皇考，以杨廷和为首的众大臣为嘉靖帝生父上的"皇叔考兴献大王"封号也是荒唐至极，所以嘉靖帝没有接受大臣们廷议的结果。但是此时的朝政把持在以内阁首辅杨廷和为首的一众文官手中，嘉靖帝能做的仅仅只是不准奏而已，他还没有力量为其父上皇帝的名号。

七月，新科进士张璁上疏反对杨廷和等人的观点，他提出嘉靖帝是以藩王入继大统，并非继承皇嗣，仍应以自己的生父兴献王朱佑杬为考，并在北京建兴献王庙进行祭祀。冒着生命危险成为第一个"异议者"的张璁虽然没有被问斩，但还是被把持朝政的杨廷和等人外放到了遥远的留都南京。

……

    杨廷和等人的"继嗣"观点认为嘉靖帝是以继子的身份继承了皇位，所以他应该称伯父明孝宗朱佑樘为皇考，称父亲兴献王朱佑杬为皇叔。在逻辑学上，这个观点可以形成一个**关系推理**，即"藩王世子朱厚熜继承了皇嗣，而皇嗣是明孝宗朱佑樘的皇嗣，所以继子朱厚熜应该称明孝宗朱佑樘为皇考"。

    嘉靖帝、张璁等人的"继统"观点认为嘉靖帝以藩王的身份继承了皇位，所以他应该称自己的生父为皇考，称明孝宗朱佑樘为皇伯考。在逻辑学上，这个观点也可以形成一个关系推理，即"藩王世子朱厚熜继承了皇位，而兴献王朱佑杬是朱厚熜生父，所以兴献王朱佑杬应该被称为皇考"。

    从逻辑学上看，两方皆是有理有据，均能站得住脚。

第 **6** 章

有趣的或然性推理

或然性推理同演绎推理一样都是一种推理，不同之处在于演绎推理由前提推导出的结论是确定的，对就是对，错就是错，不存在其他的可能性；或然性推理由前提推导出的结论是不确定的，是非必然的，往往要根据具体情况来判断。

归纳推理包含了三种类型的推理，一种是完全归纳推理，另外两种是科学归纳推理与简单枚举归纳推理。完全归纳推理的结论是确定的、必然的，而科学归纳推理、简单枚举归纳推理的结论具有或然性。

或然性推理一般包括简单枚举归纳推理、科学归纳推理以及类比推理等。下面介绍完全归纳推理与类比推理。

一、从特殊现象到一般规律——归纳推理

归纳顾名思义即归类、纳入，即把特殊的、个别的、偶然的事情或现象归纳概括，总结出能够解释这些事情或现象的一般规律；归纳推理即据此由部分（全部）事情或现象得出的一般规律推出所有的事情或现象都有这样的规律。

1. 完全归纳推理

有人根据梁启超先生的 9 个子女在社会中取得的成就做了一个言简意赅的总结："一门三院士，九子皆才俊。"

"一门三院士"即长子梁思成、次子梁思永、五子梁思礼皆为中国科学院院士。

"九子皆才俊"即对梁启超 9 个子女整体性的评价，这个评价在逻辑学上是由一个完全归纳推理得出的。即长女梁思顺是才俊；长子梁思成是才俊；……四女梁思宁是才俊；五子梁思礼（行九）是才俊；所以梁启超的 9 个子女全都是才俊。

通过以上的"九子皆才俊"，我们已经初识了完全归纳推理，现在假设 S 为某一类事物，P 为该类事物具有或不具有的属性，那么完全归纳推理的逻辑形式可以表示为：S1 是（不是）P；S2 是（不是）P；S3 是（不是）P……Sn 是（不是）P；S1、S2、S3……Sn 是 S 的全部对象；所以 S 都是（都不是）P。

完全归纳推理有三个特点。

一是在推理过程中要穷尽其所推理的某一类事物的全部对象，只有穷尽了全部对象，才能推理出这类事物的整体性质；二是确保所判定的每一个对象是从属于要推理的这一类事物；三是对每一个对象的判断都必须是真实的。只要遵循了以上三点，完全归纳推理的结果就是科学的和真实的。

完全归纳推理也存在明显的缺点，即在推理某类事物时基于技术或成本的限制做不到穷尽其所有的对象。如在判断推理所有的恒星是否都发光时，完全归纳推理就派不上用场，因为到目前为止对宇宙有没有边际尚且没有定论，宇宙中恒星的数量也没有定论，穷尽观察所有的恒星是否都会发光也是一件遥不可及的事情。完全归纳推理只适用于日常生活中较容易穷尽其所有对象的一类事物，如国内某类上市公司的业绩表现，某地区学校的师资水平，某商品在国内市场的历年销售情况……

那判断推理所有的恒星是否都发光时该用哪种推理呢？

答案是科学归纳推理。

2. 科学归纳推理

科学归纳推理又被称为科学归纳法，即通过科学分析的方式，从某类事物的部分对象中分析出该部分对象具有某一属性的科学原因，进而推出该类事物全都具有这一属性的推理方法。在科学家们推断恒星是否都会发光时便运用了科学归纳推理。在科学家可以观察、研究的宇宙范围内，他们发现，太阳等恒星内部的核反应区域内时刻都在进行着由氢转化为氦的核聚变反应，与此同时，此类热核反应不停地释放出能量巨大的光和热，而这就是太阳等恒星发光的原因。有了这一科学原因，科学家们便由这一部分恒星会发光，推断出所有的恒星都会发光。

假设 S 为某一类事物，P 为该类事物具有或不具有的属性，那么科学归纳推理的逻辑形式可以表示为：S1 是（不是）P；S2 是（不是）P；S3 是（不是）P……Sn 是（不是）P；S1、S2、S3……Sn 是 S 的部分对象；所以 S 都是（都不是）P。

需要注意的是，科学归纳推理虽然是一种科学的方法，但由于此类推理是由部分推导出全部的方法，所以具有或然性。这也就是说，科学归纳推理的结论不是必然的，而是具有高度的可靠性。那么又该如何提高这种可靠性呢？一是在选择被考察的对象时要注重典型性与代表性，防止以偏概全。二是在进行考察、研究的过程中要具有科学理论的支持与指导，以免出现谬误。

朝霞不出门，晚霞行千里

三月七日，沙湖道中遇雨。雨具先去，同行皆狼狈，余独不觉，已而遂晴，故作此词。

莫听穿林打叶声，何妨吟啸且徐行，竹杖芒鞋轻胜马，谁怕？一蓑烟雨任平生。

料峭春风吹酒醒，微冷，山头斜照却相迎。回首向来萧瑟处，归去，也无风雨也无晴。

此时苏东坡已经因乌台诗案被贬到了湖北黄州，在一次与朋友出游时道中遇雨，同行的人都觉得狼狈不堪，只有他一人觉得算不了什么，还饶有兴趣地写下了这首《定风波》。但像苏东坡这样豪迈豁达的人毕竟很少，而且在这个还有些寒意的农历三月，人们在路上淋了冷雨，体弱一些的可能就会感冒。要知道在那个时代，医疗水平有限，所以感冒可不是一场小病。

此外，苏东坡一行人是外出游玩，被雨淋湿搅了游兴那打道回府便可；可要是远行的小商贩、出门叫卖的货郎以及他们担上的货物要是被淋湿了，那就比较麻烦了。所以说，在古时候避开雨天出行还是很必要的，然而古时候却没有像今天较为科学的天气预报，那不得不外出行走的人该怎么办呢？答案是经验，比如"看云识天气""朝霞不出门，晚霞行千里"等。

"朝霞不出门，晚霞行千里"是有科学依据的。

霞是一种美丽的光学现象，日升（日落）时分，在东方（西方）天空中出现的橙色或红色的霞光被称为朝霞（晚霞）。

一般而言，在出现朝霞的清晨时分，本地东方的对流层低层空气稳定，绝少尘埃，但却含有许多的小水滴。当太阳光穿过这些小水滴时，光线中波长较短的紫色光、蓝色光、绿色光、靛色光被这些小水滴削弱了许多，而波长较长的红色光、橙色光、黄色光只受到了很小的影响，所以东方低空中出现了美丽的橙色、红色的霞光。清晨过后，随着温度的渐渐升高，小水滴被上升气流托到了对流层的中层，慢慢聚合成了云层，进而可能形成降雨。由此可知，正因有了空气中的水滴，东方天空才出现了美丽的霞光，也正因有了水滴，这一天才很有可能下雨，所以朝霞不出门是有一定道理的。

一般而言，在出现晚霞的傍晚时分，由于一天的日照，本地西方的对流层低层空气干燥，绝少小水滴，但却聚集了大量的尘埃。同样，当太阳光穿过对流层低层中的这些尘埃时，光线中波长较短的紫色光、蓝色光、绿色光、靛色光被这些尘埃削弱了许多，而波长较长的红色光、橙色光、黄色光只受到了很小的影响，所以西方低空仍然会出现同朝霞时一般的橙色、红色的霞光。空气中尘埃多，小水滴少，一般来说，第二天应该会是个晴朗天，适宜人们出行，所以说，晚霞行千里也是有一定道理的。

3. 简单枚举推理

简单枚举归纳推理是不完全归纳推理的另一种形式，在推理某一事物时，简单枚举归纳推理仅仅归纳了该事物的部分对象的表面特性就得出了结论，然而事实上，该方法在归纳时并未推敲这些部分对象表面特性所产生的真实原因，所以它的结论具有或然性。

在日常生活中，人们会经常运用简单枚举归纳推理，如某地多煤矿，又多煤老板，所以就会有不知就里的人在不自觉地运用简单枚举归纳推理后认为"某地家家有煤矿，个个都是煤老板"，这个结论看似荒唐可笑，但煤炭行业的黄金十年时期（2002 年—2012 年），中国某些产煤大省或大县的居民在外地时往往听说过此类令人哭笑不得的话语。

二战时德军闪电战战无不胜？

1939 年 9 月 1 日的凌晨 4 时 40 分，在漆黑夜幕下，以 6 个装甲师、4 个轻装甲师、4 个摩托化师为主力的德军机械化先遣部队向集结在波兰西部边境的 80 多万波兰军队发动了袭击；4 时 45 分，数千架德国飞机向着波兰地面部队以及波兰国内的军火库、机场、铁路、桥梁等重要基础设施呼啸而去……这是德军闪电战在二战中的初次登场。

而后，德国用一个月的时间就征服了国土面积 30 多万平方千米的波兰，德军闪电战的威力令世人瞠目结舌。波兰的盟友英法以及西欧的一众国家这才意识到德军有多么强大，然而他们面对如此强大的对手却也无可奈何。

1940 年 4 月 9 日凌晨 4 时 15 分，德军以闪电战偷袭丹麦（中立国），为了保全国民生命财产，丹麦国王当天即宣布投降。

1940 年 5 月 10 日凌晨 5 时 30 分，德军两个集团军佯攻比利时以及法国牢固的马其诺防线，集结在法国的英法主力部队迅速出动赶往马其诺防线予以还击。但是英法部队上当了，德军大部队在当天稍后时刻开始秘密突击法国、比利时、卢森堡三国交界处的阿登森林，5月12日，德军机械化部队在穿越了阿登森林后攻占了法国要塞色当，并开始在法国北部大平原上长驱直入。6月10日，法国政府撤出德军兵锋所指的巴黎，14日，巴黎沦陷，法国政府倒台。6月21日，以贝当为总理的法国维希政府（傀儡政府）向德国投降，法国战役结束，法国全境的过半领土被德国占领。

不到两个月的时间，以闪电战出击的德国击垮了当时号称拥有世界最强陆军的法国，法国如此之快地沦陷令世界震惊，也令"德军闪电战不可战胜"的投降言论甚嚣尘上。

1941年6月22日凌晨3时45分，三个集团军群约300多万德军突然对苏联发动了进攻，苏德战争爆发。战争初期，德军势如破竹般，破坏了苏联近千架飞机以及数千辆坦克，歼灭了超过百万的苏联军队，占领了莫斯科以东的大片国土，希特勒叫嚣要三个月内灭亡苏联。

随后，德军集中优势兵力，发动了旨在摧毁苏联抗战信心的莫斯科会战。苏联人知道莫斯科会战成败的意义有多么重大，因而斯大林当局几乎动员了全国的力量来保卫莫斯科。从1941年10月初到1942年2月初，德军一次次地疯狂进攻都被苏军挡了下来，渐渐地德军变得士气低落，而苏军在一次次抵抗成功后逐渐转入了反击，他们的反击成功将德军从莫斯科击退，莫斯科会战最终以苏联的胜利结束。

莫斯科会战是1939年德军以闪电战进攻波兰以来所遭遇的第一次真正意义上的失利，"德军闪电战不可战胜"

的神话也被击碎了。

"德军闪电战不可战胜"就是简单枚举归纳推理的产物，发出此言论的人仅仅是基于莫斯科会战前德军每战必胜的现象所得出的，但在事实上，这些前期的每战必胜只是二战中德军战果的一部分，莫斯科会战以后德军的战果就败多而胜少了。

二、类似事物之间的推理——类比推理

类比推理也被称为比较类推法，即两个或两类事物之间有部分属性相同，则可以据此推导出其他属性也相同的推理方法，即根据某一事物的部分属性与另一事物的部分属性相同，从而推出该事物的另一部分属性也与另一事物的另一部分属性也相同。

类比推理的关键先在于"比"，后在于"推"。即在应用类比推理之前，要细心比较两个或两类事物之间的共同点与不同点，两个或两类事物之间共同点越多，则推理结论的可靠性就越大，反之，则推理结论的可靠性就越小。

类比推理是一种或然性推理，并不具有必然性与确定性，在具体推导时，需要具体问题具体分析。

八公山上草木皆兵

383 年，前秦君主苻坚率领百万大军南下攻晋。在此前的 20 多年里，雄才大略的苻坚统一了北方，国内只剩下占据江南地区的东晋政权。

　　前秦大军压境之际，东晋朝廷并没有束手就擒，名臣谢安担负起了抗击苻坚大军的重任。在经过了前期一系列互有胜败的战役后，决定性的战役日渐临近。十一月的洛涧之战，东晋名将刘牢之率 5000 北府军击溃了 5 万前秦军队，并斩杀了数名大将，苻坚自此开始对东晋军队的战斗力感到震惊。

　　十二月，苻坚与其弟苻融亲领的 15 万大军与谢玄（谢安之侄）率领的 7 万大军在淝水两岸形成对峙之势。白日里，苻坚远远地望见东晋军队军容整肃、士气高亢，便面有忧色；到了夜里，苻坚带着苻融又再次来到阵前，他望见河对岸的东晋军队依旧是威武雄壮，他疑心对岸八公山上影影绰绰的树木也是傲然矗立着的东晋士兵，便心慌意乱地指着八公山对苻融说道："你看看那漫山遍野的士兵，谁说南国军队兵力不足呢？南国的军队可真是雄壮啊！"

　　几日后双方决战时，东晋将领谢玄请求前秦军队后撤，双方可在淝水北岸决一胜负。苻坚手下有大将认为应当把晋军拦阻在淝水南岸伺机进攻，还有的大将建议前秦军队后撤，等晋军半渡之时击之。苻坚认为半渡击之胜算较大，于是采纳了后者的建议，下令军队后撤。

　　就在前秦军后撤之际，前秦军的后军里响起了此起彼伏的"秦军败了"的叫喊声。前秦军瞬间大乱，无数士兵争相逃窜……就在前秦军大乱时，半渡的晋军如潮水般涌了过来，勉强保持住了阵形的前秦军前部一触即溃，兵败如山倒，几十万的前秦军争相逃命，苻坚也狼狈地逃离。

　　淝水之战后，苻坚苦心孤诣 20 年才统一起来的北方再次分崩离析，而他统一全国的壮志也再"难酬"了。

苻坚为什么会认为八公山上草木皆兵?

在"草木皆兵"这个真实的历史故事中,苻坚在夜晚望见八公山上影影绰绰的树木个个挺拔森然,便觉得那些山上的树木都是晋军。苻坚仅仅根据所见事物的部分性质即"挺拔之感、森然之气"便断定所见事物的另一部分性质即"一定是活生生的人",因此他认为所见事物都是挺拔、威武的晋军。

这个在常人看来十分荒谬的推理认知,其实是因为苻坚对晋军的军事实力感到忧惧,对战争的胜败感到忧虑,于是他才作出了如此荒唐可笑的推理。

类比推理具有或然性,苻坚的这个类比推理便没有得出正确的结论。

我们在思维时经常会不自觉地应用类比推理,如民间谚语"一朝被蛇咬,十年怕井绳"中便蕴含着类比推理的思维,井绳与蛇都是滚圆而细长,被蛇咬过的人因为恐惧心理会在很长的时间里疑心井绳是蛇,所以会怕井绳。

三、天才的设想——科学假说

科学假说即在科学研究中,当科学技术尚未成熟的条件下,科学家或其他研究者在对某项研究观察、分析的基础上,展开想象,提出的一种假设。

科学假说的关键首先在于对当前研究的观察与分析,其次在展开想象时,一定要有科学理论的根据与指导,不能毫无依据。

科学假说在很大程度上引领和推动着现代科学的研究与发展。历史上著名的科学假说有:解释宇宙起源的假说——宇宙大爆炸；解释地球海陆分布的假说——大陆漂移学说；解释人类以及其他生物进化的假说——达尔文生物进化论。这些科学假说无一不引领着科学家的研究工作，无一不使得人类的科学向前迈进，也无一不使得我们对所处的世界越来越了解。

当然，科学假说有着或然性，结论科学与否有赖于成熟后的科学技术去验证，去证实。

引力波

1915 年爱因斯坦提出了广义相对论，1916 年，爱因斯坦在广义相对论的基础上预言了"引力波"的存在。

那么引力波是什么呢？

提及引力波必须先解释一个名词——"时空曲率"。在物理学中，时间、空间不是孤立的，而是互相关联的；时间在变化，空间同样在变化，因而在描述宇宙中某一物理现象时，使用"时空"这一概念更加准确。时空中分布有大大小小的物质，物质各有轻重不等的质量，而不同的质量会使其周围的时空发生不同的弯曲。一般来说质量越大的物质会使其周围的时空发生越严重的弯曲，如太阳所造成的时空弯曲要比地球所造成的时空弯曲大得多，我们也可以说太阳的时空曲率很大。

时间、空间是会变化的，因而时空曲率也在产生着变化。太空中的某星体的时空曲率发生变化时，该星体所在的空间便会发出引力辐射，这种引力辐射就好比是水面上散发的涟漪一样，从某一中心向外传播，这种引力辐射即是引力波。

在人类探索神秘宇宙的过程中，需要通过各种各样的方式（电磁波等）来接收宇宙中的信息，而引力波同样携带了很多宇宙的信息，但引力波非常微弱，探测难度非常大，人类对引力波的探测以及研究还有很长的路要走。

引力波假说的证实

2015 年和 2016 年，美国科学家通过 LIGO（激光干涉引力波天文台）两次探测到了引力波的存在，爱因斯坦引力波的假说终于在一百年后得到了证实。2017 年 10 月 3 日，为发现引力波作出巨大贡献的三位美国科学家雷纳·韦斯、巴里·巴里什、基普·索恩被授予诺贝尔物理学奖。

科学假说根据现有的科学以及丰富的研究观察信息而提出，对人类的发展具有一定的引导意义，但科学假说并不一定都会成为科学事实。某些科学假说被后来者证明了不科学，如：由法国生物学家拉马克提出的生物进化假说"用进废退"被英国生物学家达尔文以"自然选择"否定。

科学假说有着或然性，结论科学与否有赖于成熟后的科学技术去验证，去证实。

荒谬的假说无凭无据，多是空想和无稽之谈，其存在的意义也仅仅是耸人听闻以及让人贻笑大方罢了。

四、或然性推理故事

1. 吝啬鬼与火柴

从前，有个家财万贯的老财主，据说在他的卧室里藏着好几只大箱子，里面有数不清的金币、银币和成串的珍珠、玛瑙……可他连一个铜板都不舍得花。

最近几个晚上，老财主总是点起油灯，整夜整夜地欣赏自己的财宝。然而没过多久，他的身体就吃不消了，更重要的是他觉得灯油太费钱。思前想后，他想到了城里卖的火柴。

夜里想看的时候，就点上一根火柴，火柴熄灭了便睡觉；要是还想看，就再点上一根！既省钱又方便。

当晚，他兴高采烈地将火柴点燃，在微弱的火光下，财宝闪烁着耀眼的光。老财主高兴极了，又拿出一根火柴，却怎么也无法点燃，之后又试了几根也没有成功。老财主立刻把买火柴的老仆叫来狠狠地训斥了一顿，然后警告他下一次买回来的火柴倘若有一根点不着，就要把他撵走。

　　第二天，老仆又到城里买了一盒火柴。回来的路上，他还是不放心，于是决定自己先试试。他在自己的小屋里偷偷地点起了火柴，一根，两根，三根……直到最后一根火柴都点着了，他这才放下心来，连忙捧着这些火柴交给了老财主。

　　晚上，老财主在卧室里准备欣赏财宝，可是这一次，整盒的火柴没有一根能点着。他生气地再次叫来了老仆询问，这才知道老仆已经将所有火柴都试了一遍的事情……

　　火柴是不是全能点着，必须一一试过才知道，老仆将火柴一根一根全都点着了，证明了火柴全都能点着，老仆这种令人哭笑不得的行为在逻辑学上是一种**完全归纳推理**。

2.　候鸟的迁徙

　　北美洲的加拿大有着大片的森林与湿地。夏半年里，许许多多的鸟儿都栖息在这片风景秀丽、食物丰沛的天堂之中。然而到了冬半年，凛凛寒风却让鸟儿们不得不远离此处。它们纷纷结成队，向着温暖却遥远的南半球飞去……

　　候鸟的迁徙每年都在上演，加拿大的科学家洛文教授不知何时对此产生了兴趣，他以科学家的好奇心提出了一个问题：候鸟是识别了什么信息之后开始迁徙的呢？他选取了黄脚鹬作为他的观察与研究对象，而这项观察与研究前后持续了 14 年。

洛文教授发现，黄脚鹬总是于每年 5 月 26—29 日之间在加拿大下蛋。人们通常认为候鸟的迁徙与气温变化有关，那么十几年来温度一直在波动，黄脚鹬如何又能始终延续这一行为呢？洛文教授通过观察发现十几年来稳定不变的只有随着太阳的移动规律性变化的昼夜长短。

为了验证这一观点，洛文教授在秋天诱捕了几只正在往南迁徙的黄脚鹬，并在冬天进行对比试验。一组黄脚鹬待在正常的自然环境里，不予以任何人工干扰；另一组黄脚鹬被放在人工环境中，并营造一日比一日长的白昼变化。

不久之后，人工环境中的黄脚鹬开始放喉歌唱，正如春天里的行为一样。随后将两组黄脚鹬同时放飞，自然环境中的黄脚鹬会振翅向南飞去，而人工环境中的黄脚鹬却会向北飞去，彼时的气温约为零下 20 ℃。

以 14 年的时间来反复观察验证黄脚鹬的下蛋时间，提出相应的观点，并以科学实验来验证这一观点，洛文教授运用的这一研究方法就是科学归纳推理。

3. 荒谬的中国贫油论

在 20 世纪上半叶，中国石油领域弥漫着一种悲观的"中国贫油论"。

陕北延长县是中国最早发现石油资源的地方，1914
年北洋政府与美国当局签订了《中美合办油矿合同》，依
据此合同，美国美孚石油公司派遣技术人员在延长县进行
了为期三年的勘探，该公司勘探的结果认为延长县的石油
储量低，开采难度大，不具有大规模工业开采的价值。此
后数年间，美孚石油公司的技术人员又在中国的西北以及
东北地区进行了一系列的石油勘探，然而他们也没有什么
可观的发现。参与了美孚石油公司在中国勘探活动的斯坦
福大学教授艾·布克维尔德在 1920 年发表的论文中指出，
中国的大地下没有石油，中国是贫油国，由于美国的石油
勘探技术与石油资源分布理论均在当时世界上首屈一指，
所以，美国人得出的中国贫油论的观点成了权威观点。

从 1932 年到 1940 年，日本侵略者集结其国内的众
多专家与技术人员，在东北三省足足找了 8 年的石油，然
而他们却一无所获。日本侵略者在中国东北未找到石油这
一事实，在当时有力地支持了中国贫油论的正确性，于是
中国贫油论这一观点成了主流观点。

新中国成立后，轰轰烈烈的国家建设需要大量的石
油，于是由中国人自己进行的大规模石油勘探与开采开始

写给孩子的趣味逻辑学

了。1955 年，新疆维吾尔自治区的黑油山发现了储量巨大的克拉玛依油田；1959 年，黑龙江省发现了中国石油储量最大的大庆油田；1961 年，山东省发现了储量巨大的胜利油田……随着大油田一个个如雨后春笋般涌现，中国贫油论的观点被彻底地击碎了。

中国贫油论的观点从一开始得出时就是轻率的，美孚石油公司的技术人员在中国只简单地勘探了陕北、东北、西北等地区内的个别地方就以偏概全地得出了中国贫油论的结论，这个得出结论的方法是错误的，这个结论也是错误的。在逻辑学上，这个得出结论的错误方法是一种不科学的简单枚举归纳推理。

4. 孔融讽刺曹操父子

东汉建安九年（204 年），曹操趁袁谭、袁尚兄弟相争之际，率领大军攻破了袁氏大本营冀州邺城，俘虏了袁绍遗孀刘夫人，袁熙之妻甄氏也被随军的曹丕纳为姬妾。

此事很快就在东汉朝野之间传开了，名士孔融听说后非常不满，他给在外的曹操去了一封书信，信中写道：

"武王伐纣，以妲己赐周公。"曹操不怎么明白，回来后问孔融信中所述之事出自哪本经典，孔融回答说："以今度之，想当然耳。"

"以今度之，想当然耳。"曹操听到这个回答一定会恼羞成怒，孔融在一来一回中不仅讽刺了曹丕私纳甄氏的不光彩之事，而且把曹操比作了武王，揭露了曹操有图谋东汉王朝的野心。

在逻辑学中，孔融的"以今度之"以及以女人会亡国类比酒会亡国，都运用了类比推理，他的这些推理显然是不严谨的，也靠不住的，但是在他对曹操的口诛笔伐之中，这些类比推理都起到了很大的作用。

5. 爱因斯坦—罗森桥

爱因斯坦—罗森桥又被称为时空洞，指的是能够连接两个不同时空的时空隧道。20 世纪 30 年代后期，爱因斯坦与纳森·罗森在研究引力场方程时一道假设了时空洞这一概念。

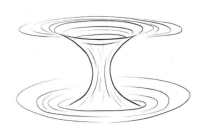

时空洞的概念是一个迷人的假说，如果存在时空洞并且时空洞能够被人类所利用的话，那么人类就有可能实现时空旅行，就有可能穿梭在时空之间，然而时至今日科学家们还没有证明时空洞的存在，但他们在时空洞的研究方面取得了一些可观的成果。

第一，时空洞可能是由宇宙中的星体旋转与引力作用共同造成的，科学家预计宇宙中存在着数以百万计的时空洞。

第二，时空洞瞬间出现，也在瞬间消亡，持续的时间非常短，不足以进行时空旅行。只有宇宙中的"负能量"才有可能让时空洞延长存在时间，也只有"负能量"才有可能使时空洞保持有意义的存在。

第三，假使时空洞存在的话，其中的引力会非常大，当一切物体进入时空洞时都将被巨大的引力撕裂；但这种巨大的引力也许可以被"负能量"来中和，使得物体可以平稳地进入并在时空洞中安全存在，目前科学家实验室中已发现的"反物质"就带有负能量。

第四，在时空洞中做时空旅行只能回到过去，而不能畅游未来。

第五，时空洞中的辐射非常大，物体进入时空洞时不得不承受能量巨大的辐射，这对进入其中的物体的抗辐射能力提出了非常大的挑战。

第六，在时空洞中的旅行将是瞬时旅行，假使你在8点钟时进入时空洞，那么你也将在8点钟从时空洞出来到达另一个时空。

第 7 章

你的思维是否
合乎逻辑的基本规律？

什么是逻辑的基本规律？

逻辑的基本规律就是：**同一律、矛盾律**以及**排中律**。

为什么存在一种逻辑的基本规律？

合乎逻辑的思维一般具备以下三个特点：

确定性	在谈论某一问题时，被谈论的概念必须是确定的，不能一会儿指的是这个，一会儿又指的是那个。
无矛盾性	在发表某一看法时，发表的看法不能产生矛盾，比如对桌子上放着的某一种特定的食物，不能既说喜欢又说不喜欢。
明确性	对于一个特定的属性，某一事物要么具有该属性，要么不具有该属性，既不能同时否定，也不能同时既不否定又不肯定，否则就会将自己的观点变得含含糊糊。

确定性、无矛盾性以及明确性这三个特点正与同一律、矛盾律以及排中律一一相对，因而同一律、矛盾律以及排中律就是逻辑思维的三个基本规律，思维合乎这三个基本规律便是合乎逻辑的基本规律，便能够条理清晰地思考问题。

下面通过几个故事来依次了解同一律、矛盾律以及排中律。

一、祁黄羊荐贤——同一律

据《吕氏春秋》记载，有一次晋平公问祁黄羊："南阳空缺一个县令，谁能够担任呢？"祁黄羊回道："解狐能够担任。"晋平公有些惊讶地说道："解狐难道不是你的仇人吗？"祁黄羊回道："君上问谁能够担任，不是问臣的仇人是谁。"晋平公回答说："好。"于是就任用了解狐，晋国人都称赞祁黄羊的行为。过了不久，晋平公又问祁黄羊："国家缺一个军尉，谁能够担任呢？"祁黄羊答道："祁午能够担任。"晋平公像上一次一样有些惊讶地说道："祁午不是你的儿子吗？"祁黄羊回道："君上问谁能够担任，不是问臣的儿子是谁。"晋平公回答说："好。"于是就任用了祁午，晋国人都称赞祁黄羊的行为。解狐、祁午后来在各自的职位上均取得了不俗的成就。

孔子听说了这件事后说道："好啊！外举不避仇，内举不避子。祁黄羊可以说是公正无私了。"

祁黄羊在第一次荐贤时推荐了能胜任县令职位的解狐，在第二次荐贤时推荐了能胜任军尉的祁午，这无关于什么亲疏贵贱，他所推荐的只是能胜任的人，能胜任在他心中就是贤，能胜任就是他推荐的标准，在逻辑学上祁黄羊荐贤时就是坚持了**同一律**。

1. 同一律是什么？

同一律是逻辑的基本规律之一，是条理清晰的思维所应具备的要素之一。在时间、对象、对应关系等基本相同的同一思维的过程中，要保持所涉及的概念、论题的同一性。即在同一思维过程中，初始时在什么意义上使用概念、论题，后来就要在什么意义上使用概念、论题。

具体来说时间基本相同，就是要保证在这一时间内，思维对象仍处于量变的范畴内，尚且没有发生质变；对象基本相同，就是要保证思维对象不变或没有发生质变；对应关系基本相同，就是要保证所论及的是思维对象的同一个方面。

公式：A 是 A

A 代表同一思维过程中的概念、论题等。

（1）混淆概念与偷换概念

运用概念要遵守同一律，要保持所涉及概念的内涵、外延的同一性。

如"市场"这一概念，市场既能指买卖双方进行交易的场所，例如菜市场、证券交易市场、人才市场等；市场还可以指调节经济的一种手段。所以在特定的语境中谈论市场一词时，要遵守同一律，绝对不能一会儿用来指交易场所，一会儿又用来指经济手段；不遵守同一律，概念就会被混淆，彼此之间的交流也会变得前言不搭后语。

上述所举"市场"一词的例子是一种混淆概念的情况，此外不遵守同一律的情况还有一种偷换概念。

某小区内的地下排水管道出了问题，物业公司请了一个包工队掘开地面进行修理，为了尽快完工，包工头决定 24 小时不休地进行施工。可晚上施工发出的噪音打搅到了小区住户们的休息，就这样，一位住户和包工队的青年工人产生了争论——

> 还让不让人睡觉了? 能不能不要打搅别人?

> 你说的是打搅别人，我们又没打搅你，你生什么气!

　　青年工人偷换了"别人"这一个概念，住户口中的"别人"指的是包工队之外的其他人，也包括他自己在内；而青年工人口中的"别人"却指的是排除了那个住户之外的别人。

（2）转移论题与偷换论题

　　运用论题时也要遵守同一律，要保证所涉及论题的内容的同一性。

　　甲乙两个历史爱好者在交谈。

　　甲问道："明末的东林党人在历史上起了一个什么样的作用呢? 是积极的作用大呢? 还是消极的作用大呢? "

　　乙对东林党人没有什么深入的了解，对这个问题不好轻易作答，于是他说道："明末的崇祯帝真是一个悲剧啊! "

　　乙为了避免尴尬，改变了论题，并没有回答甲提出的问题，这违反了同一律。

上述例子是一种转移论题，是一种较明显的违反同一律的情况，此外还有一种较隐蔽的违反同一律的情况，即偷换论题。

明初有一位寒门出身的老尚书，他年近不惑的儿子参加乡试多次，却连个举人都没捞着，这成了他的一块心病。

后来，老尚书的孙子连考连捷，乡试、会试、殿试一鼓而下，当朝皇帝赐予进士出身，倜傥少年成了天子门生。于是，老尚书便借此抱怨儿子不成材，他的儿子反驳道："您的父亲不及我的父亲，您的儿子也不如我的儿子，您都不及我，怎么能说我不成材呢？"

老尚书指责他的儿子不成材，他的儿子却同老尚书比起了父亲和儿子，这非常隐蔽地偷换了二人所论述的问题，在本质上是一种诡辩。

2. 同一律与不变论

在具体应用中，同一律需要与不变论加以区分。

不变论即以一种孤立的、静止的、片面的视角看问题，认为世界上的一切事物都是静止的，都是一成不变的。

《吕氏春秋》中记载了"刻舟求剑"的故事。

一个楚国人乘舟出行，忽然，他随身携带的宝剑掉入了汹涌的江水中。他惊呼一声，立即在刚刚宝剑从扁舟上滑落的地方做了一个标记，接着便不紧不慢地说道："这儿就是宝剑掉下去的地方。"小舟靠岸后，楚国人便从他在扁舟上所刻标记的地方入水寻找他的宝剑，可是他白白

辛苦一番，却什么也没有找到。

宝剑落水时，的确是在标记下方的江水中。可当扁舟移动以后，落入江水中的宝剑怎么还可能与扁舟上所刻的标记保持在同一位置呢?

在应用同一律时，一定要注意是否在同一思维过程中，时间、对象、对应关系是否发生了变化，是否在本质相同的情况下，当思维过程发生本质的变化后，同一律就不再适用了。

3.　同一律在实践中的意义

（1）在沟通交流、发表见解以及进行辩论时的意义

在生活中，我们会经常与他人沟通交流，或是在不同场合发表自己的见解，有时候还会在某些场合与他人进行辩论（如辩论赛）。所以，当我们交流、辩论以及发表自己见解的时候，就自然而然地接触到了同一律。

假使我们不了解以及不遵守同一律:

① 与他人的一番交流沟通就有可能变得驴唇不对马嘴，使得沟通出现问题；

② 在发表自己的见解的时候，就有可能含糊不清，使得他人困惑不解；

③ 在辩论中就有可能被人偷换概念，被人搅得晕头转向。

因而我们要去了解并遵守同一律。

（2）在法律方面的意义

中国自古便有"王子犯法与庶民同罪"的俗语，近现代法律也始终在宣扬着"法律面前人人平等"的原则。现如今，我们国家在推进全面依法治国，在努力建设中国特色社会主义法治体系，建设社会主义法治国家。

对于同一律来说，在法律的立法、解释以及执法的过程都不可或缺。

立法工作必须遵守同一律。立法者必须保证同一类法律法规的一致性与确定性，只有这样，才能实现真正的有法可依。

法律解释工作必须遵守同一律。法律解释工作者必须保证同一法律在相同情况下，解释的一致性与确定性，只有这样，立法者的精神实质才能够被真正的实施。

法律执行工作必须遵守同一律。执法者与司法者必须保证相同案件下，犯罪嫌疑人所受制裁的一致性与确定性，只有这样，法律才体现出了公平正义。

在古代人治社会中，执法者与司法者在很多时候无视公平正义，进而徇私舞弊。

北宋宋太宗淳化年间，两个官员因贪污案被送到了朝廷审理。

其中一个人叫祖吉，官职不大，名声不响，更要命的是在朝廷内也没有相识，于是在一番审理后，祖吉被处死了。

另一个人叫王淮，官职、名声虽说也不大，但有一点祖吉比不了，王淮的哥哥王沔在朝廷任职参知政事（副宰相），同样在一番审理后，王淮不仅没有被处死，而且还免去了牢狱之灾，仅仅被处以杖刑外加免去所任官职，风波平息之后，王淮迅速官复原职。

然而，此事令人气愤的不仅在于两人同样犯了贪污罪，却被处以轻重不同的刑罚。更在于王淮的贪污数量远远大于祖吉，但他所受的刑罚远远小于祖吉。

二、楚人有鬻矛与盾者——矛盾律

楚国的集市上有人在卖矛与盾，只听他夸赞道：

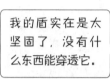

旁听的人群中有人问他：

卖矛与盾的人被问得说不出话来。要知道什么都穿不破的盾与什么都能穿破的矛不可能同时存在于世界上。

楚人积极为自己的矛与盾宣传是好的，但他没意识到自己的宣传语存在着致命的漏洞，存在着自相矛盾的缺陷，所以他很快就被人给问得哑口无言了。在逻辑上来讲，楚人违反了**矛盾律**。
▲▲▲

1. 矛盾律

矛盾律是逻辑的基本规律之一，也是条理清晰的思维所应具备的要素之一，在时间、对象、对应关系等基本相同的同一思维的过程中，对于两个互相矛盾的概念或判断不能都予以承认为真，这些概念或判断至少有一个是假。

公式：A 不是非 A

A 代表同一思维过程中的概念、命题等。

（1）互相矛盾的概念

运用概念时要遵守矛盾律，不能将两个互相矛盾的概念同时应用到一个人或一个物体身上。

如不能用"民主党人"与"非民主党人"来指称同一个人。众所周知，民主党是美国的一个主要政党，一个人要么是民主党人，要么不是民主党人，绝不能既是民主党人又是非民主党人。

（2）互相矛盾的判断

运用判断时要遵守矛盾律，不能同时肯定或否定两个互相矛盾的命题，即必须明确，二者一真一假。

如命题"茅盾是沈德鸿的笔名"与命题"茅盾不是沈德鸿的笔名"是两个互相矛盾的命题，因而在判断时，不能同时肯定或否定这两个命题。

如一个站在欧洲殖民者立场上的历史学家妄图为哥伦布以及其他早期欧洲殖民者屠杀印第安人做出辩解，于是该历史学家在他的著作上写道："哥伦布等人屠杀的不是印第安人，只是其他的一小撮既野蛮又具有攻击性的美洲原住民罢了。"为此该作者还在他的著作中作了许多看似严

谨的考证。然而在另一本学术杂志上，这位历史学家发表的一篇关于美洲原住民的文章，则清清楚楚地写着美洲的原住民都是印第安人，只不过这些印第安人是由许许多多的民族以及未形成民族的部落组成的罢了。两相对比，这位历史学家的两番见解肯定有一处错误，因为它们互相矛盾了，而再结合众所周知的历史真相，我们可以知道，确确实实是哥伦布等早期西方殖民者屠杀了美洲的原住民印第安人。这位历史学家在历史学上犯的错误是不肯实事求是，而他在逻辑学上犯的错误则是违背了矛盾律。

此外还有一种矛盾律的形式值得注意，即两个互相矛盾的概念或判断都假。如美国居民约翰逊认为他的一个亚洲友人尼克是老挝人，也是柬埔寨人，但在事实上尼克是缅甸人。约翰逊所犯的错误是，他的判断不仅互相矛盾，而且一个判断也不对。

2. 矛盾律与辩证矛盾

逻辑学中的矛盾律是一种逻辑矛盾，要注意与哲学中的辩证矛盾相区别。

矛盾律中出现的自相矛盾是一种错误，是可以避免的；自相矛盾至少有一方是错误的，也可能双方都是错误的；违背了矛盾律就会使思维、交流、观点等出现混乱或错误。

辩证矛盾是事物存在与发展的内在要求，是无可厚非且客观存在的，其中的主要矛盾与次要矛盾，矛盾的主要方面与次要方面始终同时存在，始终是一种互相依存互相转化的状态。没有矛盾的事物是不存在的，没有矛盾的世界也是不存在的。

3.　矛盾律在实践中的意义

（1）在辩论中的意义

《庄子·秋水》中记载了一次庄子与好友惠子的辩论。

庄子与惠子游于濠梁之上。

鲦鱼出游从容，是鱼之乐也。

子非鱼，安知鱼之乐?

子非我，安知我不知鱼之乐?

我非子，固不知子矣；子固非鱼也，子之不知鱼之乐，全矣!

请循其本。子曰：'汝安知鱼乐'云者，既已知吾知之而问我。我知之濠上也。

惠子"子非鱼，安知鱼之乐？"与庄子"子非我，安知我不知鱼之乐？"两句话共同承认了他们辩论中的一个前提，即除了该个体生命（某个人、某条鱼）之外，任何其他生命无法得知该个体生命快乐与否。与此同时，客观事实表明，庄子不是濠水之中的那条鱼，而是濠梁之上的其他生命，所以庄子是无法得知鱼快乐与否的。

末句庄子说"请循其本"，即返回"子非鱼，安知鱼之乐"之句，即承认二人辩论的前提，末句又说"我知之濠上也"，即表明他知道鱼的快乐。庄子一方面承认其他生命不可能知道鱼的快乐，另一方面又表明自己知道鱼的快乐，庄子在这里自相矛盾了。

客观来讲，这场辩论，惠子是胜出的一方。

（2）在科学发展方面的意义

古希腊百科全书式伟大人物亚里士多德曾经提出了一个自由落体定律：

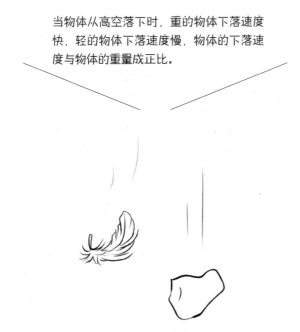

当物体从高空落下时，重的物体下落速度快，轻的物体下落速度慢，物体的下落速度与物体的重量成正比。

这个定律自提出之日起，千百年以来一直被受希腊文化影响极大的欧洲人奉为圭臬。

到了欧洲文艺复兴时期，包括亚里士多德自由落体定律在内的许多传统理论与学说受到了欧洲人的挑战，而意大利科学家伽利略就是其中的代表人物之一。

首先在逻辑上，伽利略提出，假如有一重一轻两个物体绑在一起被从高空抛下，根据亚里士多德的定律，一重一轻两个物体相加后，重量会更大，那么其速度也就相应会更大；另一方面，一快一慢两个速度叠加后，会生成一个适中的速度。从这个分析来看，一个结论得出了更大的速度，而另一个结论却得出了适中的速度，这就产生了逻辑上的矛盾，这也从理论层面证明了亚里士多德的自由落体定律存在错误。

在接下来的 1589 年，相传伽利略于比萨斜塔上做了一个自由落体实验。此次试验中，在众人的注视之下，伽利略站在 50 多米高的斜塔上，将一个重 100 磅与重 1 磅的两个铁球同时抛下，片刻之后，两个铁球同时重重地砸在了地面上，伽利略的实验结果证明了他在理论方面的猜想，伽利略胜利了。

从上述故事可以知道，伽利略正是通过亚里士多德自由落体定律中的逻辑矛盾发现了其存在的错误。从上述故事可以知道，掌握以及借助矛盾律，能够发现现有科学理论中的错误，能够推动科学的发展。

（3）在法律方面的意义

上文提到了同一律在法律方面的重要意义，在此介绍一下矛盾律在法律方面的重要意义。

在立法工作中，必须遵守矛盾律。众多法律、法规不得违背宪法，彼此之间也不得互相抵触，否则广大遵法守法的公民会无所适从，在立法工作之后的法律解释工作以及执法工作中，相关人员会无所适从。

在法律解释工作中，必须遵守矛盾律。在同一件案件中，法律解释不得出现自相矛盾，在本质相同的不同案件中，法律解释不得互相矛盾。

在法律执行工作中，必须遵守矛盾律。在确定嫌疑人时，可借助矛盾律寻找犯罪嫌疑人言语中的破绽，帮助锁定犯罪嫌疑人。在案件取证时，必须排除互相矛盾的证据，假如证据之间存在互相矛盾，那么这些证据之中必有虚假证据。在庭审时，可借助矛盾律与对方律师辩论，彻底揭示犯罪事实。在审判时，判决书中的认定事实与判决结果不得互相矛盾。

三、画像在哪个卷轴里——排中律

清代江南某地，有一户世代殷富的书香人家，三代人以来皆是单传。现如今当家的，城中人都称一声曹老爷。

有一天，他请一位有名的女画师为女儿锦枫画了一幅栩栩如生的画像，并把画像藏在了自己的书房内。书房里的墙上原本挂着三幅卷轴，一幅是玉石轴的青绿山水，一幅是象牙轴的工笔花鸟，一幅是柏木轴的挥扇仕女图，他将三幅卷轴取了下来，把画都收了，最后把女儿的画像放到了一幅卷轴里面。他在三幅卷轴旁分别附纸写了一句话，并借此出了一道考题。

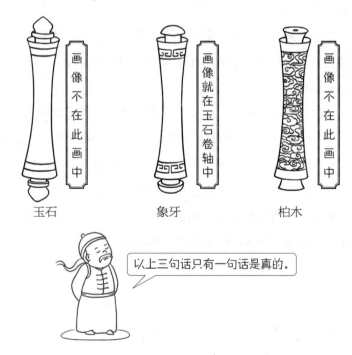

玉石　　　　象牙　　　　柏木

以上三句话只有一句话是真的。

而后，他与女儿议定为她招一佳婿，所招佳婿不论家世，亦不论功名，只要能猜中女儿的画像在哪个卷轴里便可。

第二天起，陆陆续续有适龄的青年男子上门来猜谜，可没有一个人猜对。这些青年男子中凡夫俗子占绝大多数，他们要么是两眼放光地看着，并笃定地说着是在玉石卷轴或象牙卷轴中，要么就是被那三句话给搅得乱了神思，也不猜谜，低着头就离开了。

直到一个月以后，一个刚刚中了举人的少年前来猜谜，他仔细地看过三句话后，便径直走到曹老爷跟前说："吾妻的画像在柏木卷轴中！"曹老爷一言未发，他只顾看那少年，容貌秀美，品行温良，好个标致人物！随即曹老爷拿着柏木卷轴将少年请到了书房，并非常高兴地从柏木卷轴中取出女儿锦枫的画像赠给了少年……

少年是如何猜中画像在柏木卷轴中的呢？

这还要从曹老爷写的三句话说起，玉石卷轴旁"画像不在此画中"；象牙卷轴旁"画像就在玉石卷轴中"。这两句话其实构成一对矛盾，必然一真一假，所以三句中仅有的一句真话就在这两句话中，所以柏木卷轴旁的那句话："画像不在此画中"为假，所以画像就在柏木卷轴中。（曹老爷之所以将女儿的画像藏在了普通的柏木画轴中，而不是藏在珍贵的玉石画轴与象牙画轴，是因为在中国传统文化中，柏木因其经久不衰、清香长在的特性被人们认为有着长寿、坚毅的特性，曹老爷此举其实也包含了他对女儿的一种祝福与期盼）

少年判断两句不相容的话一真一假，其实是应用了**排中律**。▲▲▲

1. 排中律

排中律是逻辑的基本规律之一，也是条理清晰的思维所应具备的要素之一，在时间、对象、对应关系等基本相同的同一思维的过程中，两个互相矛盾的思想至少有一个是真的，不能都予以否定。

假设被判断的事物为 B，两个互相矛盾的思想为 A 与非 A，用公式来表达即："B=A 或者非 A"，一般来说，A 表示概念或命题。

（1）应用概念要遵守排中律

对于概念来说，某事物所对应的概念，总是反映了该事物的某个性质，或者没有反映这一性质。用 "A" 来表示该事物所对应的概念的话，那么，对于该事物的某个性质来说，它总是属于 "A" 的外延，或者属于 "非 A" 的外延（A 的外延与非 A 的外延互相矛盾），除此之外再不能有别的。

如 "橘子是一种水果"，那么水果这个概念便反映了橘子的一个性质，即果肉含水分较多，而果肉含水分较多这个性质即属于水果的内涵。

（2）判断命题时要遵守排中律

当判断一个命题时，该命题要么真，要么假，不存在第三种情况。并且假使认为该命题为真，那么与该命题互相矛盾的命题就为假；认为该命题为假，与该命题互相矛盾的命题就为真。如判断性质命题 "法西斯主义是非正义的" 为真，那么同时就认为与该性质命题的互相矛盾的命题 "法西斯主义是正义的" 为假。

当判断两个互相矛盾的命题时，不能同时否定这两个命题，必须肯定其中一个。

对于互相矛盾的两种思想不能同时否定，如甲、乙、丙三个农民在争执一块土地上该种些什么，甲说："金银花之类的药材行情好，应当种一些药材。"乙觉得种药材的风险有些大，便说："金银花之类的药材行情不稳定，还是不种药材为好。"丙内心中认为甲、乙都有些愚笨，他不想赞同甲乙任何一个人的看法，于是便说："我不同意你们的看法。"丙的这一观点就违背了排中律，根据排中律甲、乙的看法互相矛盾，且必须承认一个。

（3）骑墙派同样违反了排中律

对于互相矛盾的两种思想也不能既不肯定，也不否定，持一种模棱两可的态度，这就是骑墙派的行为。

唐代武则天朝凤阁鸾台平章事（位同宰相）苏味道人称"模棱宰相"，他身居高位，眼见了不少惨烈的政治斗争，为求自保，他对于职权范围内应当决策的重大事项从不决断，皆持模棱两可的态度。与此同时，他对在朝廷为非作歹的张昌宗、张易之兄弟唯唯诺诺，这又加剧了当时官场的混乱与黑暗。史书上载有他的一席话，准确地表明了他为官的态度："处事不欲决断明白，若有错误，必贻咎谴，常模棱以持两端可矣。"

苏味道是典型的骑墙派官员，他的所作所为虽然保全了自己未遭政治斗争的迫害，但也犯了众怒。武则天神龙元年，唐朝发生宫廷政变，武则天被迫禅位于唐中宗李显，而苏味道也因历来的不作为被贬谪为眉州长史。

宰相如此这般尸位素餐不作为落得贬官蛮荒之地，而皇帝在危难之际既不战又不和就得国破家亡了。

北宋靖康元年，金国兵马两次围困北宋都城开封，北宋朝廷内分为两派，一派以宰相唐恪、枢密使耿南仲为首的主和派主张割地赔款，另一派是以大学士何㮚、兵部尚书孙傅为首的主战派主张防御待援，两派在朝廷内外激烈地斗争着。北宋的最高决策者徽宗、钦宗二帝，时而想战，时而又想和，结果北宋朝廷成了一种不战不和的状态，后来金国兵马轻松攻破都城开封，掳走了徽宗、钦宗二帝以及北宋皇室、大臣、妃嫔、百姓数十万人，北宋也因此灭亡。

根据排中律，主和与主战是互相矛盾的，必须承认一个，徽宗钦宗对两个观点既不肯定，也不否定，违背了**排中律**。

2. 排中律与矛盾律的区分

在作用上，排中律与矛盾律均是为了排除思维过程中的逻辑矛盾，并促进思维的合理性。但排中律与矛盾律易混淆，需要加以区分。

在同一思维过程中：

排中律突出强调不能同时否定两个互相矛盾的概念或命题，必须承认其中有一个是真的。根据排中律，一个概念或命题为假，则能推出与其互相矛盾的概念或命题为真，即可以由假推出真。违反排中律，即同时否定两个互相矛盾的概念或命题，就犯了两不可的错误。

矛盾律则突出强调不能同时肯定两个互相矛盾的概念或命

题，必须承认其中至少有一个是假的。根据矛盾律，一个概念或命题为真，则能推出与其互相矛盾的概念或命题为假，即可以由真推出假。需要注意的是，一个概念或命题为假，无法推出与其互相矛盾的概念或命题为真，即不能够由假推出真。例如："稻属作物不能生长于较干旱的耕地中"是一个假命题，因为旱稻能够在较干旱的耕地中生长。与其互相矛盾的命题"稻属作物能够生长于较干旱的耕地中"同样也是一个假命题，因为水稻不能在较干旱的耕地中生长。违反矛盾律，即同时肯定两个互相矛盾的概念或命题，则犯了模棱两可的错误。

3.　排中律与反证法

排中律"由假推真"的这一特性，可以用于反证法。在数学以及其他科学研究中，当一个论题难以从正面直接证明其为正确时，可以求之于反证法。假使证明与该论题互相矛盾的论题为错误时较为容易，那么便可利用反证法证明其错误，同时也就间接地证明了该论题是正确的。

四、有趣的逻辑基本规律故事

1.　朝三暮四与朝四暮三

《列子》一书中记载了一个"朝三暮四"与"朝四暮三"的故事。

宋国有一个老人养了一大群猴子。他与猴子们朝夕相处，十分了解猴子的动作与叫声，猴子甚至也能够听懂

老人的话。可时间一长，这一大群猴子快要将老人的家里
给吃穷了，于是老人打算把每天的喂食量由 8 颗橡子改为
7 颗。

　　他到群猴跟前微笑着说："以后给你们的橡子，早晨 3
颗，晚上 4 颗，够吗？"群猴听了后，全都跳了起来，愤
怒地咆哮着。

　　过了一会儿，老人又像刚才那样微笑着哄骗道："那
么，早晨 4 颗，晚上 3 颗，怎么样？"群猴听了后，认为
早上的橡子由 3 颗增加到了 4 颗，都高兴地打起了滚儿。

　　智者以他们的智慧来引领大多数普通人，这就像养猴子的老
人用智慧来笼络群猴一样，从表面上和实际上来看，猴子的所得
与所失并没有变化，可是它们却时而发怒，时而又高兴啊！

　　不管是朝三暮四，还是朝四暮三，对猴子们来说，其实都是
一日有 7 颗橡子作为食物，猴子们愚笨，不懂得同一律，被老人
给欺瞒过了。

2.　芫荽与香菜

普通话中常提及的香菜，在许多地方的方言中被称作芫荽，这些地方的人大多从小就知道香菜是芫荽，然而在一些普通话仍然不够普及的地方，有些人只知芫荽，而不知香菜，这就闹出了下面这个笑话。

中午放学后，小霍、小张、小许一同来到一家新开的面馆吃饭，三人都点了一碗兰州拉面。

小霍比较喜欢吃香菜，于是他对着老板娘说道："阿姨，多给我放一些香菜。"

小张对于香菜算不上喜欢，也算不上讨厌，便什么话也没说。

小许不知道香菜究竟是什么，可他想："香"菜，"香"菜，那应该是很美味的吧。便决定也让阿姨给多放一些。此外，他知道兰州拉面里会放一些芫荽，而他并不爱吃芫荽，于是小许对着老板娘说道："阿姨，我的面里不要芫荽，多放一些香菜。"

小许刚说完，老板娘就被整糊涂了，小霍、小张也忍不住笑了起来。

他们赶忙对小许解释道："香菜就是芫荽，芫荽就是香菜。"

小许听完恍然大悟，红着脸对老板娘说道："阿姨，芫荽、香菜都不要。"老板娘这才释然，赶紧把三碗拉面给他们端了上来。

小许的"不要芫荽，要香菜"是一句矛盾的话，芫荽与香菜是同一种调味料，不能既要它，又不要它。根据矛盾律，在同一思维过程中，两个互相矛盾的判断不能同时为真，必然有一假，所以小许提出的两个要求必须有一个是假的，即要么他否定掉不要芫荽，要么他否定掉要香菜，只有这样老板娘才能够满足他的要求。

3. 自作聪明的蝙蝠

清代乾隆年间的书籍《笑林广记》中记载了这样一个故事。

百鸟之王凤凰要过寿了，世间的百鸟都携带了贵重的礼物来朝贺，仅有小小的蝙蝠没有来。

有些恼怒的凤凰斥责蝙蝠道：

你位居我之下，为何如此傲慢，如此不恭？

我长着四足，属于走兽，凭什么要随着百鸟去朝贺你？

不久之后，百兽之王麒麟庆贺生辰，单单蝙蝠没有去朝贺。

生了气的麒麟也来斥责蝙蝠：

你在我的管辖之下，居然这样放肆！

我长着翅膀，属于飞禽，为什么要随着百兽去为你庆贺生辰？

　　后来，麒麟、凤凰有事相见，它们在谈话中提及了各自生辰时蝙蝠没有来庆贺的事情，也提及了蝙蝠的两番狡辩。麒麟、凤凰相对无言，它们无奈地感慨叹息道：

现如今世风日下，人情淡薄，天地间又偏偏生出了这么个非禽非兽之徒，无尊无长之辈，还真是拿它没有办法呀！

　　在中国传统观点中，把陆地上大一些的动物归类为飞禽、走兽两种，除此之外别无其他。蝙蝠既否定自己是飞禽，又否定自己是走兽，违背了排中律，成了不伦不类。

　　当然以上故事只是古人对蝙蝠以及像蝙蝠一样左右摇摆、只为自己谋私利的一类人的嘲讽和奚落。在现代动物学中，蝙蝠被划分为兽类，是翼手目哺乳动物，但蝙蝠却是唯一一种演化出具有真正的飞翔能力的哺乳动物。